室内色彩
搭配全书

JORYA 玖雅　著

U0291527

江苏凤凰科学技术出版社·南京

图书在版编目（CIP）数据

室内色彩搭配全书 / JORYA 玖雅著 . -- 南京：江苏
凤凰科学技术出版社 , 2025.1. -- ISBN 978-7-5713
-4812-0

Ⅰ . TU238.23

中国国家版本馆 CIP 数据核字第 2024WL3136 号

室内色彩搭配全书

著　　　者	JORYA 玖雅
项 目 策 划	凤凰空间／庞　冬
责 任 编 辑	赵　研
责任设计编辑	蒋佳佳
特 约 编 辑	庞　冬

出 版 发 行	江苏凤凰科学技术出版社
出版社地址	南京市湖南路 1 号 A 楼，邮编：210009
出版社网址	http://www.pspress.cn
总 经 销	天津凤凰空间文化传媒有限公司
总经销网址	http://www.ifengspace.cn
印 刷	雅迪云印（天津）科技有限公司

开 本	710 mm×1 000 mm　1 ／ 16
印 张	12
字 数	192 000
版 次	2025 年 1 月第 1 版
印 次	2025 年 1 月第 1 次印刷

标 准 书 号	ISBN 978-7-5713-4812-0
定 价	78.00 元

图书如有印装质量问题，可随时向销售部调换（电话：022-87893668）。

遵守颜色世界的游戏规则，装出漂亮舒适的家

我给女儿讲过一个故事。小兔汤姆早晨去上学，没找到想带的玩具汽车，带着情绪去了幼儿园。到了幼儿园之后就开始发脾气，抢小动物们的玩具，破坏小动物们刚搭好的积木。老师见状，惩罚他坐在角落里画画，不能和别的小动物一起玩，他委屈地哭了。放学后，小兔爸爸接汤姆回家时知道了这件事，于是在回家的路上边走边说："老师做得没错，你受到了惩罚是因为你违反了幼儿园的规则。你看，汽车必须走在车行道上，不能开到人行道上。过马路时，要红灯停，绿灯行，这是大家都要遵守的交通规则，否则我们就会受到处罚。"

我觉得兔爸爸做得很棒，没有随意批评孩子，而是给他讲不同场合的规则，并告诉他需要自己承担违反规则的后果。

我女儿刚去幼儿园的那段时间不太适应。一个周五，老师吓唬淘气的小朋友不守规矩周末不能放假，把我女儿吓得一天不敢乱动，并且一到周五就不敢去幼儿园。后来她知道原来每个小朋友都有周末放假的权利，而不是老师说了算。如今，上大班的女儿已经完全熟悉了幼儿园的各项规则，每天早上到幼儿园门口时都开心地飞奔向教室。

五彩缤纷的色彩界，也有它们的规则。

在颜色世界中，我看到了很多新来的小朋友。有的小朋友无法无天、横冲直撞，抓起颜色就用，把周围的颜色搞得一团糟，老师都拿他没办法。还有一些小朋友诚惶诚恐，缩着身体、坐在板凳上不敢乱动，选择颜色时摇摆不定，经常是花了很大力气，也做不了任何决定。

这是一本关于室内色彩搭配的书，在写作时我可不想当一个严肃的老师或碎嘴的妈妈，唠叨别这样，别那样。我会拿出具体案例，然后反问你："看到了吗？这是违反颜色规则的后果，你要自己承担哦！"

室内装饰包含颜色、形状、材质三个要素，颜色是最重要的一个。家居物品的形状和材质几乎不由我们掌握，而由其功能决定，唯独颜色我们可以随心所欲地搭配。把握好颜色，就能掌控整个家居装饰的效果。

这些颜色小精灵无处不在，是我们最亲密的伴侣。在我们把某个颜色小精灵领回家，和它成为朝夕相处的伴侣之前最好先来一场见面会，彼此了解一下。颜色小精灵有自己的性格、脾气，了解对方之后，装扮家不再是一件把自己搞得精疲力尽的事，而是会像谈恋爱一样轻松愉快，我们会奋不顾身地投入其中，享受整个过程。

认识和了解颜色的过程，也是认识自己的过程。用颜色来装饰居室，不仅会收获一个漂亮舒适的家，还能收获内心的丰足与喜悦。

JORYA 玖雅创始人　黄婧

2024 年 8 月

目录
Contents

5
用颜色营造氛围感

1

室内装饰的
四个基本色系

初识颜色

初入五彩缤纷的颜色世界，我们先来简单了解一下色彩的分类。色彩可分为无彩色和有彩色两大类。无彩色包括黑、白及不同深浅的灰，这些颜色只有明度变化，构成了一个连续的谱。有彩色是指红、黄、蓝、绿、紫等颜色，有色相、明度、彩度三种变化。

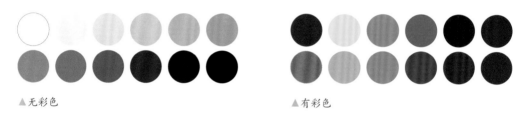

▲无彩色　　　　　　　　　　　　　　　▲有彩色

明度是指色彩的明亮程度，白色是明度最高的颜色，黑色的明度最低。
彩度也叫饱和度、纯度，彩度高的颜色鲜艳，彩度低的颜色显浑浊。

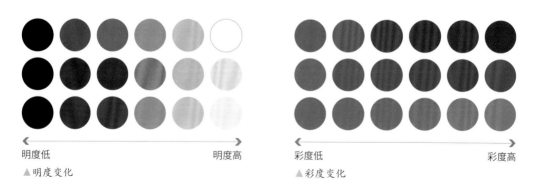

明度低　　　　　　　　　　明度高　　　　彩度低　　　　　　　　　　彩度高
▲明度变化　　　　　　　　　　　　　　　▲彩度变化

▌室内设计中的四种基础色

室内设计中最常见的莫过于黑、白、灰、咖四种颜色了，我把这四种颜色称为基础色。去逛建材城的时候，我们不难发现乳胶漆、木地板、瓷砖、定制家具等物品通常都是这四种色系。它们低调百搭，适合大面积使用。

从事室内设计工作十余年，我和团队小伙伴在北京设计过几千套住宅，100% 的案例都含有大面积的基础色，一半以上的案例只用到这四种颜色，甚至只用到其中两种或三种。这四位颜色小伙伴手拉手，高唱着一曲经久不衰的主旋律，春风得意地走进了千家万户。

需要说明的是：这四种颜色并不是某个特定的颜色，而是四个色系，它们的家族成员众多。

▲白色系家族是明度很高的颜色，设计师喜欢把这些白色称为"五彩斑斓的白"。它们长得实在太像了，为了方便区分，人们给它们各自起了名字，比如米白、月光白、乳白、象牙白、珍珠白、奶白等

▲灰色系和黑色系来自同一个无色彩家族，它们是没有任何色彩倾向的中性色，只有明度变化

▲咖色系的家族成员最多，它们有明度、彩度、色相的不同，这让咖色系呈现出丰富的变化

颜色数值说明

为了方便大家参考，接下来案例中的颜色都会标示出其对应的 RGB 和 CMYK 数值。RGB 是最常用的电子显示器色彩表示方式，比如电视机、计算机显示屏等显现的各种颜色。而 CMYK 是一种用于彩色打印的色彩模式，比如期刊、图书、宣传册等，都是用 CMYK 颜色印刷出来的。

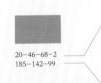

20-46-68-2
185-142-99

此数值代表 CMYK，即青色（Cyan）、洋红色（Magenta）、黄色（Yellow）和黑色（Key）四个颜色的数值。在 CMYK 模式下，通过不同比例的颜色叠加，可以调配出各种颜色。

此数值代表 RGB，即红色（Red）、绿色（Green）、蓝色（Blue）三个基本颜色的组合。强度不同的三种颜色叠加组合，会呈现不同的颜色。

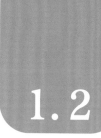

1.2

白色——室内装饰离不开的颜色

█ 白色，光的最佳搭档

多年前，我遇到一位年轻设计师，他尝试用蓝色乳胶漆涂刷房顶，对别人说："谁规定房顶必须是白色的？我想尝试另一种可能。"我觉得他想打破常规、不走寻常路的精神十分值得称赞。那次之后，我才开始深入思考：人人家里都有一面大白墙，而且房顶都是白色的，这是最佳选择吗？或许只是一种大家的习惯而已。

事实上，装饰房间的墙面和顶面，没有哪种颜色可以代替白色。最重要的一点是白色能给室内带来更多光，这是其他颜色无法比拟的。

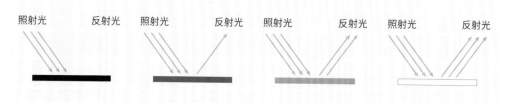

▲光线照到白色物体上，白色无私地把光全部交还出来；随着物体颜色的加深，深颜色像海绵吸水一样吸收了照进房间里的光

▲在同一个房间、同样的光照下，我们把墙面和顶面刷上不同明度的颜色。明度最高的白色房间最亮堂，可见每个房间都需要一面大白墙来承接窗外珍贵的阳光

白色，让空间显大的颜色

颜色小精灵有的比较积极，喜欢站在前排，比如鲜艳夺目的颜色。有的比较沉默寡言，喜欢站在后排，比如白色，它就是那位喜欢坐在教室小角落、沉默寡言的学生，是班里的"小透明"。基于这个特点，人们喜欢将白色作为房间的打底色。相比其他颜色，白色墙面能让空间显得更大，自然也更受欢迎。

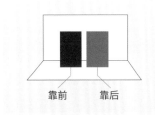
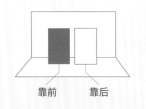

靠前　　靠后　　　　　靠前　　靠后

◀颜色给我们带来不同的距离感，后退色让空间显得更大。如果你有家里面积太大这样奢侈的烦恼，那么可以在墙面上用一些前进色

▲在同一个空间中，白色的墙面感觉距离最远，它会让房子显得更大一些

▲身处大自然，我们头顶是明亮的天空，而白色让房顶显得更加亮堂。深色房顶像是头顶的一片乌云，让人感到压抑

通常，我们都希望房间显得更大，特别是厨房、卫生间这样的小空间，用后退色再适合不过了。明度不同的黑、白、灰家族成员，"体重"差异很大。白色最轻盈，像翩翩起舞的鹅毛；黑色最沉重，像挪不动的铅块。如今，全屋定制家具基本上都是满墙款式，如果你不想让电视柜给人压迫感，那么白色是最佳选择。

▲黑色橱柜显得沉重，而白色橱柜让人感觉轻快不少

▲白色会给人带来视觉上的轻盈感，而且让人感觉距离更远，适合做电视柜的颜色。也可以选择白色的近似色，比如浅灰色、米白色，能营造出同样的效果

白色，天赋异禀

白色是光的最佳搭档，能把照进室内的光都奉献出来，让家变得宽敞明亮。白色像水一样包容万物，能接纳所有颜色，和任何颜色搭配起来，都会自然而然地退为"背景"。白色有着简单淳朴之美，不会让人觉得造作。

白色的气质是纯净的、光明的。每天，闯入我们视线的物品繁多，还有数不完的资讯和广告，这会导致我们思绪杂乱。白色像清泉一般，带我们远离喧闹和浮躁。白色是留白之美，让我们疲劳的视觉得到休息，心灵得以放空。这是白色天生的优势，因此它是每个家庭中出现频次最高、面积最大、最不可或缺的基本色。

白色在家居界的地位永远都是排第一的。

1.3

灰色、黑色—— 最好搭配的颜色

黑、白、灰，百搭色

鲜艳色有着争强好胜的特质，它们之间容易引发"眼球争夺战"，颜色越多，战争越激烈。但是黑、白、灰色系就不会，它们有着优秀的与其他色彩"交往"的能力，能和其他色彩打成一片，是色彩界的和平守护者。黑、白、灰不仅是服装界的百搭色，在家居领域也充当着同样的角色。

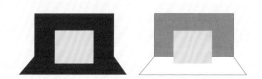

▲鲜艳的红色包容性很差，如果哪天来了一块黄色，面积小的话，红色可能不太会看在眼里，如果面积又大又鲜艳，那可就麻烦了。两者会因为排位而发生争执，一旦吵起来，家里祥和的气氛就荡然无存了。如果把背景色换成灰色，那么灰色自动退为背景，房间的气氛就不那么紧张了

彩度高（冲突感强，抗拒其他颜色）　　　　　　　　　　　　　彩度低（冲突感弱，接纳其他颜色）

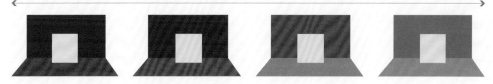

▲随着背景色彩度的降低，两种颜色产生的冲突感减弱

▲用红、黄两种鲜艳色装饰家时，可要注意了，一进家门，红色就迫不及待地跟你招手："看，我在这里！"而黄色抖了抖身子："我才是主角，你起开！"如果把这两种颜色换成黑、白、灰，则沙发和装饰墙会往后退缩，和背景融为一体，居室氛围会祥和宁静很多

▲上图中橘色和蓝色是冷暖对比强烈的颜色，而且面积很大，与下图的黑、白、灰色系形成强烈对比

　　即便没有特别鲜艳的颜色，彩色的面积大、颜色种类多、冷暖对比过于强烈，都会给人带来冲突感，这种色彩搭配对我们的视觉承受力是一种考验。当然，不排除有些业主喜欢用各种色彩拼凑出夸张的感觉，孟菲斯设计风格*的流行正是因为人们觉得单调色过于乏味。

---

* 1981 年，以埃托·索特萨斯（Ettore Sottsass）为首的设计师在意大利米兰结成了"孟菲斯集团"，他们反对单调冷峻的现代主义。他们讲道："现代主义风格看累了吗？让怪诞、放肆的孟菲斯带你打破高级灰的束缚吧，别让'少即是多'的教条困住灵感的自由进发，大胆去尝试，让设计鲜活起来！"

▲黑、白、灰色系作为背景色时，任由你领进什么颜色鲜艳的物品，它们都能接纳，不会把气氛搞得很尴尬，心甘情愿地把主角的地位让给鲜艳色

▌灰色，永远的放心之选

我有两条出勤率很高的裤子，一条是冬天的深灰色薄绒裤，另一条是夏天的浅灰色休闲打底裤。对于我这种懒得搭配衣服的人，百搭的灰裤子再合适不过了。事实上，我更喜欢白色裤子。我有一条白色裤子不舍得穿，常年在衣柜里"压箱底"，怕弄脏，吃饭时一个油点子溅上去，立刻会成为整条裤子的视觉中心，白色裤子带给我的自信感也会随之减弱。我怕脏了之后洗起来很麻烦，还怕平时小心翼翼地呵护导致我的行为变得拘束。

家居配饰也是如此，我很喜欢白色沙发。但只要想到女儿每天满地打滚之后再跳到沙发上，还有猫咪出门溜达一圈回来后在沙发上来回游走的情景，我就没有勇气买了。白色像窗外的白月光一样，纯净无染，但不能出现在布艺材质上，比如地毯、窗帘、床单、被罩等。白色最大的缺点是不耐脏，适合出现在好清洁的地方，比如墙面瓷砖、乳胶漆墙面、贴了装饰表皮的定制家具等，抹布一擦，就能光亮如新。

而灰色，就像我那默默无闻却每天都在奉献自己的裤子，虽然不怎么引人注意，但百搭又耐脏。当我们选择窗帘、沙发等布艺软装饰品时，我会推荐灰色，不仅好搭配，还可以让我们用起来心无挂碍。

▌黑色，点到为止

上学那会儿，老师让我们画平面构成图，大家喜欢给各种拼接的色块勾一条小黑边，有了黑边的衬托，画面瞬间变得清晰明朗起来，视觉效果大大提升。化妆的时候，人们喜欢画眼线，是因为它能让眼睛变得更突出。室内装饰中，这些纤细的黑色线条也像给物体勾了黑边，可以强化其存在感，人们的视线随着线条游走，空间也就变得明朗了。

黑色常常被用作点缀色，不会大面积使用，但是也没必要刻意而为之，因为很多黑色物品是你不经意之间领进家门的，比如烤箱、电视机、黑框玻璃门、磁吸轨道灯、窗户框等。这些物品因为材质的原因自带黑色，是我们想甩都甩不掉的颜色，但也无妨，小面积的黑色不会影响最终的呈现效果。

1.4

咖色——来自大自然的颜色

▌恰到好处的温度

咖色（咖啡色）有一个重要的标签——温暖。从情绪上来看，它不像灰色那么消沉和冰冷，也不像鲜艳的橘色那么燥热和吵闹。咖色带着一点温度，像母亲的怀抱，这种平和的感觉非常适合用在家里。家是有温度的、充满爱的地方，温暖的咖色更容易营造出温馨的家居氛围。

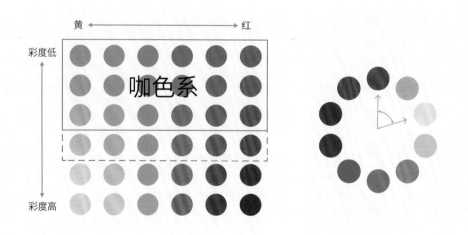

▲从色相环上来看，降低黄色到红色之间的彩度，就变成了咖色系。咖色系有彩度、色相、明度三种变化

▲把咖色木地板、床、地毯、窗帘换成灰色之后，家的温馨感也随之消失

源于大自然的色彩

每个人内心都能听到大自然的召唤，而咖色是人们亲近自然的一种通道，透过其背后的频率，带领我们回归自然。咖色常出现在木地板和实木家具上，提高咖色的亮度，就变成了米色——可以大面积用在墙面上。咖色和灰色一样，比较耐脏，能用在床品、窗帘、沙发等布艺家具上。它虽然没有黑、白、灰色系那么好搭配，但如果彩度较低，也能大面积使用，还能包容小面积的鲜艳色。

咖色温暖、百搭，人见人爱，是木材和大地本身自然流露出的色彩。很多时候我们并不是选择了咖色，而是选择了自然。

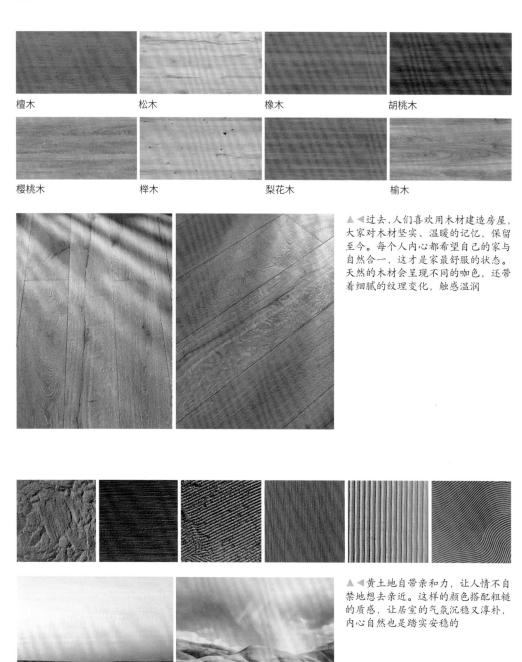

檀木　　　　　　松木　　　　　　橡木　　　　　　胡桃木

樱桃木　　　　　榉木　　　　　　梨花木　　　　　榆木

▲◀过去，人们喜欢用木材建造房屋，大家对木材坚实、温暖的记忆，保留至今。每个人内心都希望自己的家与自然合一，这才是家最舒服的状态。天然的木材会呈现不同的咖色，还带着细腻的纹理变化，触感温润

▲◀黄土地自带亲和力，让人情不自禁地想去亲近。这样的颜色搭配粗糙的质感，让居室的气氛沉稳又淳朴，内心自然也是踏实安稳的

图片来源：美国摄影师本杰明·埃弗雷特（Benjamin Everett）摄影作品

|专栏| 颜色如何影响情绪？

听摇滚音乐时，我们会情不自禁地跟着节奏摇头晃脑；看恐怖影片时，背景音乐能把人卷入深层的恐惧中；切换一首悠扬的乐曲，我们立马嘴角上扬……颜色和音乐一样，在无意间影响着我们的情绪。美国纽约大学神经科学家约瑟夫·勒杜（Joseph LeDoux）提出，人的情绪反应有两种：一种是与生俱来的无意识反应，在面对危险时千分之几秒内就完成；另一种是有意识而理性的反应，反应时间稍长，大概是十分之几秒。

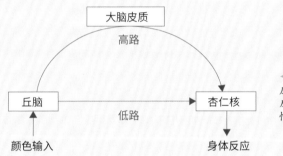

◀高路是有意识而理性的反应，低路是与生俱来的无意识反应，我们看到颜色所产生的情绪是低路反应

例如，看到红色，我们情绪反应的步骤是这样的：第一步，红色物体反射的红色光进入眼睛；第二步，眼睛将接收的红色信号送到丘脑（脑部信息的转运站），并立即转给杏仁核，和过去的记忆做比对，如火焰、鲜血等；第三步，如果关联到鲜血、火焰等危险物品，我们会心跳加快、血压上升、呼吸急促，同时肌肉变得紧张，甚至准备行动。

看到红色这一连串反应，不需要经过逻辑思考，是一种本能反应。荣格讲过，我们的意识结构分为意识、潜意识和深层无意识，其中意识是大脑的知识和念头，潜意识以情绪为主，深层无意识则表现为身体症状。看到颜色时，我们所产生的反应发生在潜意识和深层无意识之间，表面看起来很平静，潜意识和深层无意识则在风起云涌。

2

解锁色彩的
魔力

低彩度的颜色，让人心情放松

▌ 起伏的情绪

人在大部分时间都能保持情绪平稳的状态，稳定放松的情绪能让我们蓄积能量。但生活不是一成不变的，总会在不经意间给我们带来一些小"插曲"，比如孩子弄乱房间惹来的小麻烦，或者清晨迎着阳光的一杯咖啡带来的小快乐。这些小插曲带来的情绪变化像平静的水面偶尔刮来的一阵微风，掀起阵阵涟漪，水波退去后，水面平静如初。有时，生活还会给我们带来出其不意的考验，那就像百年一遇的飓风，会使水面掀起巨浪，如洪水猛兽般袭来的情绪会吞没整个身心。

一些患有精神障碍的人，不得以每天被情绪的波澜所淹没，深受其苦。还有一些人，或许是热情似火的年轻人，或者是情感丰富的艺术家，愿意迎接情绪飓风的挑战。而我更喜欢平稳的情绪，追求心如止水的状态。

鲜艳色会影响我们的情绪，长期处于大面积的鲜艳色中，会让人心情久久不能平静。人在焦虑紧张或开心时，交感神经会兴奋，会导致相应的激素分泌增加，身体也会跟着产生一些反应，比如血压升高、心跳加速、消化能力减弱等。但激素水平很快会调节为正常水平，如果激素水平长期处于比较高的状态，就会导致调节机能紊乱，身体会出现病痛。生活在快节奏时代的我们，精神已经过于紧张，如果再加上颜色的刺激，则无论是身体还是心灵都会承接不住。

▌ 彩度所带来的情绪变化

鲜艳色个性张扬，像高需求的宝宝，感情强烈，超级好动。颜色越鲜艳，情绪越强烈。它们想方设法地唤出你内心与之相应的情绪火种。黑、白、灰刚好相反，像个没有什么存在感的人，低调内敛。灰色带一点点消沉的情绪，像喜欢躲在角落的人，你可能会觉得他有点冷酷，不太容易接近。

大面积鲜艳色会带来强烈的情绪刺激，我把这些颜色列为"冒险色"。使用鲜艳色，必将是一场刺激又充满冒险的旅程。

▲这三个房间大面积使用了鲜艳色，强烈的情绪呼之欲出。在这样的空间里待久了，会让人着急，情绪的火种已被燃起，一时半会儿无法平静下来

▲如果你觉得鲜艳色实在太聒噪，可以把彩度降下来。随着彩度的降低，房间的气氛平静了下来，直到最后变成了冷酷的灰色

掌控颜色，做情绪的主人

　　长时间待在有大面积鲜艳色的环境中，我们的心情会难以平静，而小面积的鲜艳色则是生活中的点缀，能为家注入活力。倘若家是一首舒缓的音乐，那么这种小面积的色彩点缀就是跳动的音符，让乐曲变得活泼起来。

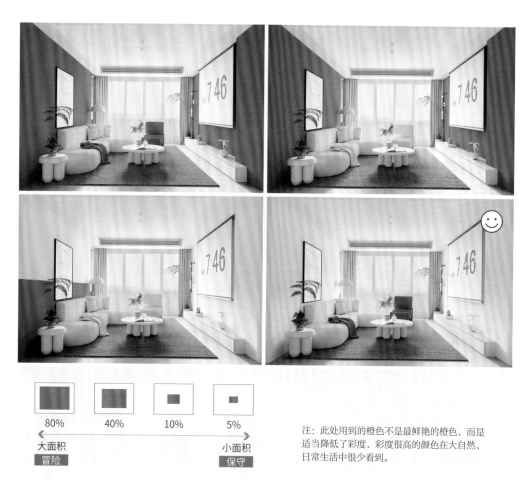

| 80% | 40% | 10% | 5% |

大面积 ← → 小面积

冒险　　　　　　　　　　　　　　保守

注：此处用到的橙色不是最鲜艳的橙色，而是适当降低了彩度，彩度很高的颜色在大自然、日常生活中很少看到。

▲ 在同一空间里，随着橙色面积的缩小，房间给人带来的视觉冲击力也逐渐减弱，空间氛围变得平和很多。小面积的橙色是整个房间的点睛之笔

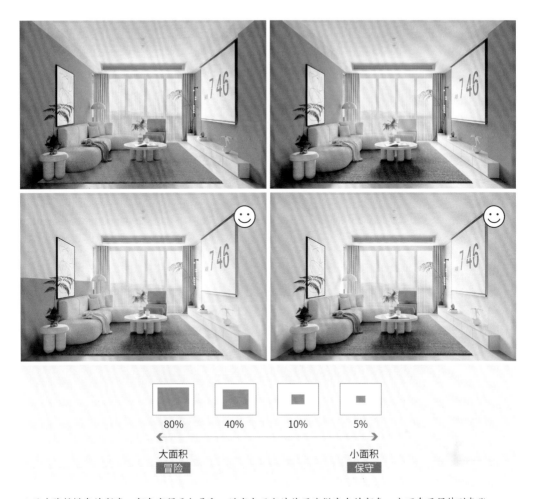

80%　　40%　　10%　　5%

大面积　　　　　　　　小面积
冒险　　　　　　　　　保守

▲再次降低橙色的彩度，颜色变得更加柔和。适当大面积地使用略微安全的颜色，也不会显得特别夸张

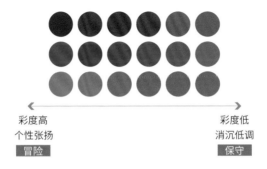

彩度高　　　　　　　　彩度低
个性张扬　　　　　　　消沉低调
冒险　　　　　　　　　保守

2.2

亮色，让家沐浴在阳光中

生命离不开光

　　所有的生命都离不开光。《周易》中提道："与日月合其明，与四时合其序。"如果我们的作息时间与太阳的周期相应，就能感受到更多自然光，也会觉得精力更加旺盛充沛。清晨睁开眼睛，阳光刺激我们的感官，让我们一天保持清醒和活力，而夜晚温柔的月光让我们变得平静，房间的气氛也会变得祥和。人们在阴雨天会感觉犯困或心情低落，而在阳光明媚的日子觉得心情明朗，活力四射。

　　光能带动身体的能量，让身体更舒服。可如今，大部分人都长期待在采光不足的室内。在开窗面积、户型、位置有限的情况下，将更多光引入室内，将是人类无止境的追求。

▲ 在这个约 4m² 的卫生间，我们来对比一下不同明度的瓷砖带来的效果。在铺贴黑色瓷砖的卫生间里待着，像是受到惩罚被关在了小黑屋。随着瓷砖颜色亮度的提升，室内的光变多了，更显宽敞明亮，心胸也开阔起来

因此在室内设计中，不建议大面积使用明度过低的颜色（冒险色），这种颜色会让家变得阴暗狭小，阻隔我们与自然光的连接，影响我们的情绪。

▌在明暗之间，探索舒服的比例

长期处于有大面积暗色的房间中，会让人感觉到消沉压抑，而小面积的暗色点缀，则让大白墙有了进退变化，给房间增加了层次感。

80%	30%	10%	5%

大面积 ———————————————→ 小面积
冒险　　　　　　　　　　　　　保守

注：图中的黑色是深灰色，100% 的黑色在生活中很少见。

▲缩小黑色的面积，房间的阻隔感就没有那么明显了，四面墙壁虚化、后退，空间亮堂起来了

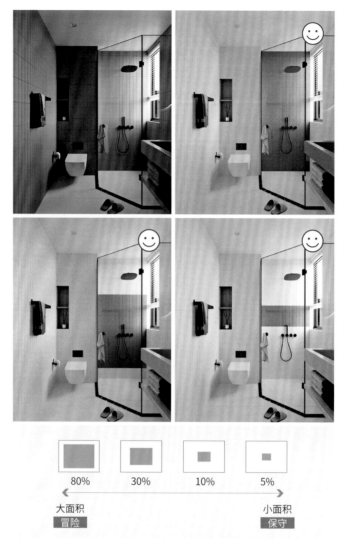

80%	30%	10%	5%

大面积　　　　　　　　　　　　　　　　　小面积

冒险　　　　　　　　　　　　　　　　　保守

▲如果是灰色，适当增大使用面积，也不会觉得压抑

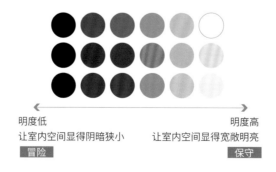

明度低　　　　　　　　　　　　　　　　明度高
让室内空间显得阴暗狭小　　　让室内空间显得宽敞明亮

冒险　　　　　　　　　　　　　　　　　保守

2.3

保守色，同样可以很出彩

▌ 开启一场未知的旅程

装扮自己的家是一场未知的旅程。当我们历经千辛万苦到达目的地时，可能会发现一个面朝大海、春暖花开的美丽家园，也可能发现自己身处杂草丛生的荒蛮之地。在旅途中，我们看不清前方的路，只能在迷雾中深一脚浅一脚地摸索前进，心里忐忑不安。

这条路有无数人走过，他们留下了脚印，也给我们留下了路标。这些路标是我们前进路上的指明灯，我们不必再担心因摸黑前进而误入歧途。我会用路标引领大家坚定地走向心中的梦想家园。

▌ 你选择冒险还是保守？

理财时，人们把所能承受的风险分为四个等级：R1 谨慎型、R2 稳健型、R3 进取型和 R4 激进型。室内色彩同样可以分为四个风险等级。在色彩世界里，那些鲜艳的、黑暗的颜色是有风险的颜色。有些年轻人喜欢冒险，住在灯火辉煌、车水马龙的市中心，他们的性格和鲜艳的色彩一样，肆意张扬，充满活力。他们家里的色彩很可能会让人感到出其不意，因为其生活也是如此，充满了各种可能。而有些年长的人则会在城市周边找一个安静又有生活气息的社区定居。他们会选择素色，颜色和他们的生活状态一样沉稳平和。

理财中 R4 激进型的风险系数最高，但亏损或收益也最高。而在颜色的世界里，每个风险等级都可以很出彩，但 R4 激进型失败的可能性更大。不过按照路标前进，听从一些建议，就能确保不出错。

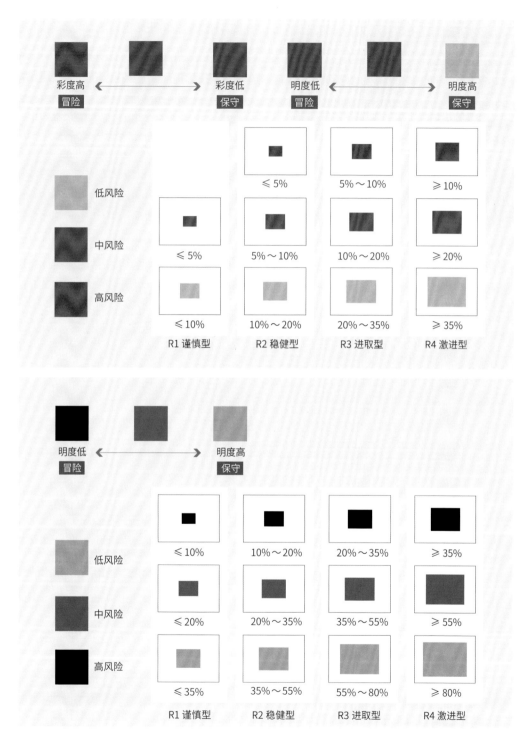

▲冒险色面积占比不同，对应的风险等级也不同。此外，颜色越多，风险越大，建议室内的鲜艳色不要超过三种，一种最佳

▊ 保守型配色案例

如果你谨慎，决定选择一条安全平坦的大道，那么请遵守两个原则：原则一，尽量不要超出黑、白、灰、咖四种色系；原则二，限制暗颜色和鲜艳色的面积。这样能确保最后呈现的效果万无一失，这也是很多室内设计师善用的配色方式。

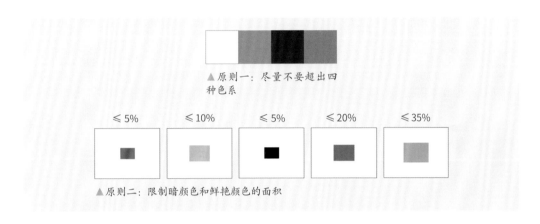

▲原则一：尽量不要超出四种色系

≤5%   ≤10%   ≤5%   ≤20%   ≤35%

▲原则二：限制暗颜色和鲜艳颜色的面积

仅用以上四种色系同样可以很出彩，甚至还能带来风格迥异的效果。很多优秀的室内设计获奖作品，设计师都使用了这四种颜色，甚至只用了其中的一到两种颜色。

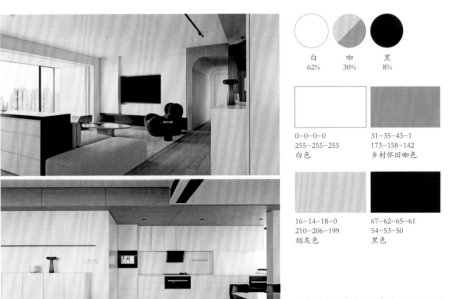

白   咖   黑
62%   30%   8%

0-0-0-0
255-255-255
白色

31-35-43-1
173-158-142
乡村怀旧咖色

16-14-18-0
210-206-199
烟灰色

67-62-65-61
54-53-50
黑色

◀电视柜、沙发、吧台处用了小面积的黑色（不超过10%），用色十分克制。室内为大面积白色和咖色，整体透露着简洁雅致的气质

▲室内用了两种白色，墙面、顶面的乳胶漆是纯白色，定制家具为米白色，色相接近，有层次感。米白色的定制家具和咖色地板是同一个色系，色彩过渡柔和。在整套法式奶油风格的家中，我们找不到任何危险的颜色，彼此相融，浑然一体

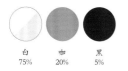

白	咖	黑
75%	20%	5%

0-0-0-0
255-255-255
纯白色

7-8-11-0
231-227-220
米白色

35-38-51-3
161-147-126
拿铁咖色

68-61-63-55
58-58-56
黑色

▲地板为亮奶油咖色，使房间脱离了沉闷感，搭配大量的圆弧造型，颜色和造型的语言一致——柔和、顺畅，室内装饰物整齐划一

白	咖	灰	黑
78%	15%	5%	2%

0-0-0-0
255-255-255
纯白色

17-23-2-0
204-188-168
奶油咖色

39-32-33-0
160-159-158
中性灰色

68-61-63-55
58-58-56
黑色

▲室内只有两种色系——咖色的家具、地板和白色系的布艺，配色简约大气。设计师还搭配了一个淡绿色抱枕和一幅装饰画，面积很小，不会给整体色调带来太大影响。黄铜吊灯和桌椅脚造型精致，此外，墙面上还贴了带有印花图案的壁布，营造出美式风格特有的精致与浪漫

白
70%

咖
30%

0-0-0-0
255-255-255
纯白色

5-6-11-0
236-231-221
淡奶白色

36-33-42-1
163-158-145
浅卡其色

38-49-60-11
142-121-101
原木棕色

29-11-26-0
188-201-188
粉绿色

2.4

鲜艳色，开启一场冒险之旅

▌ 你属于哪种冒险类别？

鲜艳色一旦登场，定会成为空间的主角，黑、白、灰、咖四种基本色系就会悄无声息地退为背景。黑、白、灰、咖四种颜色像是我们脸上均匀涂抹的粉底，而鲜艳色是彩妆，用来勾勒五官，让面容变得更加立体，五官更加醒目。

你的家可以轻妆淡抹，仅扑上一层清爽的彩妆，让房间看起来清新脱俗；也可以浓妆艳抹，让房间充满诱惑和魅力。

▌ 从保守到冒险的鲜艳色配色案例

稳健型配色

在颜色的世界里摸索前行，平淡无奇的色彩虽然安全，但偶尔会让人感到乏味。如果你想选择一些冒险色，又不想让房间看起来太夸张，那么你适合稳健型配色。建议在抱枕、装饰画等地方做文章。

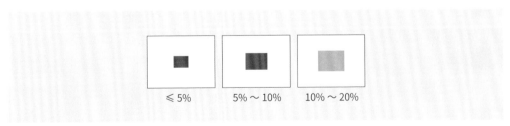

| ≤ 5% | 5% ~ 10% | 10% ~ 20% |

▲稳健型配色

▲即便大面积使用了淡淡的藕粉色，也让人感觉很舒服。在白色墙面的衬托下，藕粉色像一位优雅的少女，安静地坐在那里，让人赏心悦目。这个家像画了淡妆的小姑娘，给人恬淡舒适之感

底色	鲜艳色	4-6-6-0	15-20-25-0	22-42-37-0
80%	（低风险）20%	239-234-232	210-197-183	186-152-145
		浅白色	蛋壳色	藕粉色

▲在以白色系和咖色系为主的空间内点缀小面积的橘色，让房间看起来更有活力。否则，单纯的白色、咖色系会让房间缺少生气

底色	鲜艳色	0-0-0-0	10-15-16-0	68-61-63-55	15-71-90-3
95%	（中风险）5%	255-255-255	221-210-203	58-58-56	182-101-59
		纯白色	珍珠咖色	黑色	蜜橘色

进取型配色

如果你觉得小面积的鲜艳色不够刺激，那么可以在体量足够大的物品上使用鲜艳色，比如沙发、地毯，甚至一面墙，给感官带来更大的刺激。

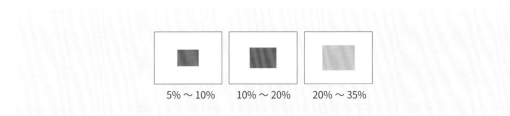

| 5%～10% | 10%～20% | 20%～35% |

▲进取型配色

▲浅灰蓝色墙面亮度很高，接近白色，不会跟橘色沙发产生冲突。餐桌椅的材质通常是金属或者实木，颜色的选择比较受限，但是布料的颜色很丰富。所以想使用鲜艳色的话，可以在沙发、装饰画、墙面等地方尽情发挥

底色
75%

鲜艳色
（低风险）
15%

鲜艳色
（高风险）
10%

0-0-0-0
255-255-255
纯白色

31-39-54-3
167-147-122
淡褐色

18-11-10-0
207-212-216
浅灰蓝色

0-70-100-0
214-112-45
亮橘色

▲墙面为明度较低的绿色，跟白色的墙面对比起来是前进色，丰富了墙体的层次感，让房间有聚拢的效果。
绿色像把地面上散落的家具都抱在一起一样，让物品之间产生了凝聚力

底色
85%

彩色
（中风险）
15%

0—0—0—0
255—255—255
纯白色

16—20—21—0
207—196—189
淡褐色

36—62—71—23
126—93—74
棕色

73—29—56—7
99—136—121
祖母绿色

激进型配色

如果你喜欢刺激，天生就带着冒险的基因，觉得颜色要再鲜艳醒目一些，才能痛快地宣泄情绪，那么大面积的彩色会成为你情绪的管道，可以尽情让情绪风暴席卷整个房间，吞没身心。家是业主本人的写照，借助色彩可以达到人家合一的状态。

≥ 10%　　　　≥ 20%　　　　≥ 30%

▲激进型配色

◀ 大面积的肉桂橘色铺满整个定制家具，大胆地用色给人自信张扬的感觉，但室内用色很少，是克制的表现。定制家具以外的物品都是黑、白、灰色系。亚麻黄地毯和定制家具是同一色系，整个房间看起来硬朗简洁。房子的主人是单身男性，配色很符合他的气质

底色
75%

鲜艳色
（中风险）
25%

4-4-4-0
240-238-237
浅米白色

29-24-20-0
181-181-185
浅灰色

46-39-39-3
142-141-141
深水泥色

68-61-63-55
58-58-56
黑色

30-35-46-1
175-158-137
亚麻黄色

22-61-91-7
170-113-60
肉桂橘色

◀ 大面积的蓝色墙面压住了咖色餐桌和木地板的气势，成为室内亮眼的主角。这个家像画了精致妆容的女人，散发着古典时尚的魅力。房间如业主的气场一样强大，会把来访者卷入她的情绪里

底色
70%

鲜艳色
（中风险）
20%

鲜艳色
（高风险）
9%

鲜艳色
（中风险）
1%

0-0-0-0
255-255-255
纯白色

34-40-53-4
160-142-120
橡木色

41-57-66-22
124-99-83
原木深棕色

85-40-32-4
74-123-146
孔雀蓝色

72-21-25-0
103-158-178
湖蓝色

15-53-60-1
193-135-106
珊瑚红色

▲室内用了红、黄、蓝三种颜色，并稍做调整——降低了彩度，变得含蓄，否则三种颜色搭配起来会像儿童乐园。目前来看，整个门厅的感觉还是很吸引人的眼球的

底色
50%

鲜艳色
（中风险）
10%

鲜艳色
（中风险）
20%

鲜艳色
（中风险）
20%

0-0-0-0	42-35-35-1	70-67-64-71	18-23-78-0	15-53-60-1	81-47-36-10
255-255-255	152-152-152	42-40-41	206-185-95	193-135-106	79-110-130
纯白色	灰色	黑色	蛋黄色	珊瑚红色	靛蓝色

◀蓝色和黄色是互补色，即在色相环上相对的两个颜色，互补色搭配时会产生冲突感。墙面的灰蓝色与沙发的姜黄色都降低了彩度，给人沧桑之感，让人联想到民国复古风

底色
55%

鲜艳色
（低风险）
35%

鲜艳色
（中风险）
10%

0-0-0-0	42-35-35-1	70-67-64-71	36-44-56-7	31-16-17-0	24-42-88-4
255-255-255	152-152-152	42-40-41	153-133-112	181-192-198	178-143-71
纯白色	灰色	黑色	藤棕色	灰蓝色	姜黄色

◀朱砂红色给人喜悦、活泼、温暖的感觉，象征着旺盛的精力，搭配大面积的牛油果绿色，使整个餐厅看起来像是一位激情澎湃、干劲十足的热血青年

底色
55%

鲜艳色
（中风险）
15%

鲜艳色
（中风险）
30%

0-0-0-0	26-33-46-0	61-62-63-46	40-26-57-1	26-58-73-9
255-255-255	184-164-140	73-67-64	160-164-128	160-114-83
纯白色	奶咖色	深灰色	牛油果绿色	朱砂红色

下图的作品来自乌克兰 90 后女设计师达里娅·齐诺瓦特纳（Daria Zinovatna），她曾获得红点设计大奖。她的作品大都是这种炫彩的孟菲斯设计风格，使用大量的红色和藏蓝色，透过颜色可以看出这位设计师热情奔放、充满活力。

我想这应该是她的代表色。每个人心中都有这么一款颜色，能从众多色彩里面脱颖而出，直达内心。

▲有些人模仿这个作品中的拼色墙，但没有情绪共鸣，无法跟室内其他物体融合起来，看起来很别扭。选择颜色这种让人开心的事不能完全交给设计师，得我们自己来，这样房子和内心才能表里如一。只有这种自然地流露，才能百看不腻，越住越舒服

2.5

暗色，不走寻常路

▌你属于哪种冒险类别？

颜色和光在玩一场捉迷藏的游戏，我们可以在明暗之间找到最适合居室的氛围。让光在家里面玩耍，就像阳光在水面上自娱自乐。

▌从明到暗、从保守到冒险的配色案例

稳健型配色

如果基于以下两个原因使用一些暗色调，那么你会是一位稳健型选手。

首先，你可能觉得整个房间都是浅色，轻飘飘的，未免太轻浮，需要来点暗色调才能让房间看起来更沉稳一些。其次，暗色调相对白色是前进色，有一种包裹感，适合用在面积比较大的空间。我们像是被房间怀抱住了一样，让人更有安全感。

10% ～ 20%　　20% ～ 35%　　35% ～ 55%

▲ 稳健型配色

▲白色是主旋律，搭配少量的黑与灰，并不会带来太大风险。黑色的出现让房间看起来更加沉稳了，业主的性格亦是如此，不太喜欢轻飘飘的亮色。不过把最显眼的沙发背景墙装饰成黑色，也是一次冒险的尝试

底色
68%

暗色
（低风险）
20%

暗色
（高风险）
12%

0-0-0-0
255-255-255
纯白色

47-38-39-3
141-141-141
灰色

69-64-65-65
48-48-46
黑色

◀餐厨空间中使用了大面积的浅灰色，浅灰色的柜板带有水泥纹理，不显单调。餐桌椅的金属脚、黑框玻璃门、橱柜台面和拉手形成笔直的黑色线条，这些都是现代风格的设计语言，没有花哨的装饰和颜色，简洁又干练

底色
45%

暗色
（低风险）
45%

暗色
（高风险）
10%

0-0-0-0
255-255-255
纯白色

31-24-25-0
178-179-179
水泥灰色

40-38-44-3
152-144-135
暖灰色

49-62-69-40
91-74-63
巧克力色

71-65-64-69
43-43-43
黑色

进取型配色

暗色调可以营造出两种氛围感。一种是为了追求沉浸式的体验，比如电影院、酒吧、游戏厅等场所，通常都是暗色调，黑暗的环境搭配点光源，能让我们专注于眼前的事情而不被周围的事物打扰。此外，阳光带来的自然节律也会影响我们的作息，当我们投入眼前的事物时自然会忘记时间的流逝，而黑暗的环境能配合我们专注的状态。

另一种是追求"阴翳之美"。有人觉得整个房间都暴露在阳光下或者明亮的灯光下，毫无美感可言。而光照进阴暗角落时所给人的幽妙含蓄感觉，更加动人。日本作家谷崎润一郎在《阴翳礼赞》中说过："美并不存在于物体，而在物体与物体间的阴翳波纹与明暗之间。"这种氛围感的营造会用到大量的深色。

如果基于以上两个原因来配色，那么你适合进取型配色。

20%～35%	35%～55%	55%～80%

▲进取型配色

◀这是一套幽暗的侘寂风格室内装饰，占比不足10%的白色沙发是黑暗中的一抹亮色点缀。这种幽暗的气氛能让我们静下心来，放松休息，觉观内在

底色
50%

暗色
（低风险）
15%

暗色
（高风险）
35%

0-0-0-0	10-10-14-0	31-34-36-0	51-58-68-36
255-255-255	224-219-211	173-161-154	95-81-69
纯白色	米白色	暖灰色	褐色

▲深灰色占比达到50%以上，房间看起来像一个桀骜不驯、幽默诙谐的小伙子。事实上，业主是一对年轻夫妇，两个人平时的爱好是守在电脑前玩游戏

底色
30%

暗色
（低风险）
25%

暗色
（中风险）
35%

暗色
（高风险）
10%

0-0-0-0
255-255-255
纯白色

29-27-31-0
181-174-167
香槟色

62-55-53-27
91-92-92
中性灰色

71-65-64-69
43-43-43
黑色

◀光洒在打磨光滑的餐桌表面，胡桃木的质感透过昏暗的环境清晰地呈现出来。半明半暗之间，显现低调奢华的氛围

底色
35%

暗色
（中风险）
25%

暗色
（高风险）
40%

0-0-0-0
255-255-255
纯白色

40-39-44-3
152-144-135
亚麻棕色

45-50-58-15
127-113-100
咖色

57-62-68-52
71-62-55
深胡桃色

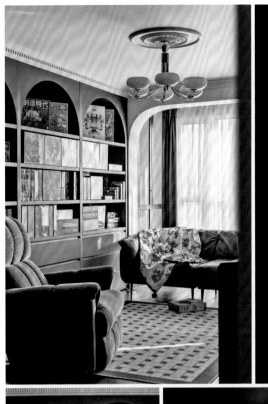

▲这个家开启了彩色和暗色的双重冒险旅程。门厅处彻底暗了下去，从玄关走到客厅、阳台，也是从黑暗走向光明，像极了上海的老洋房，幽妙神秘

底色
30%

暗色
（中风险）
65%

暗色
（高风险）
5%

0-0-0-0
255-255-255
纯白色

38-43-72-11
145-128-90
姜黄色

70-41-100-34
80-95-50
复古绿色

71-65-64-67
45-45-45
黑色

激进型配色

如果你有房子面积太大、采光过于充足这样奢侈的烦恼，那么可以选择激进型配色。普通户型不要轻易尝试，否则你将长期生活在幽暗的房间里，人像被"隐藏"了起来，会有强烈的孤独感。长期生活在暗色调的房间里对心理也是一种考验，你准备好了吗？

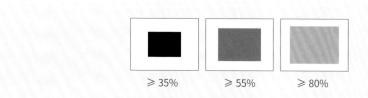

≥ 35%　　　　≥ 55%　　　　≥ 80%

▲ 激进型配色

▲ 深色百叶窗帘将照进来的阳光遮去了一大半，白色沙发在黑暗的笼罩下变得暗淡无光。业主觉得这种神秘的美感远胜一览无余的感觉

底色
（低风险）
50%

暗色
（高风险）
50%

0－0－0－0
255－255－255
纯白色

16－15－15－0
209－206－204
亚麻棕色

16－18－18－0
209－201－197
浅咖色

51－61－62－34
96－81－75
胡桃木色

▲这个家的空间足够大，能承接住这样暗的配色。大面积的深灰色配上水泥质感，加重了阴暗冰冷的效果。沙黄色的点缀为暗色调空间带来一丝暖意和光明，这样的房间像是地下室，待久了还是需要多出门晒太阳，这样身心才会平衡

| 暗色
（高风险）
60% | 暗色
（低风险）
30% | 彩色
（中风险）
10% | 49-41-41-5
135-135-135
混凝土灰色 | 62-55-53-27
91-92-92
中性灰色 | 68-61-60-47
67-67-67
深灰色 | 16-33-53-0
201-170-129
沙黄色 |

2.6

选色，你是保守派还是冒险派？

▌选择保守

生命对我来说就是一场充满冒险的旅程。周围的人、事、物总在变化，而家是我避风的港湾，带给我安全感。家不仅是我身体的栖息地，还是心灵港湾。身体疲惫、精神紧绷时，我需要在这里放松与休息，补充能量。这里是自己的道场，帮我跨越世俗的障碍，回归内心，带领我通往更深层次的生命之旅。

作为港湾的守护者，我有必要严格排查所有进来的物品，维护港湾的安静和平。首先，居室中禁止出现大面积的鲜艳色和黑暗色；其次，杜绝冷暖对比强烈的颜色（比如橙色和蓝色）、互补色（比如红色和绿色），以及过于杂乱的颜色。最后，那些安全的、让我感到放松的颜色，我会敞开大门迎接。

在颜色的世界里，大部分人都是保守派，不愿意拿自己要居住多年的房子去冒险。而且大面积危险色所带来的刺激感，像情绪风暴，来得快，走得也快，最终都要归于平静，细水才能长流，生活也终将归于平和。

▌想尝试冒险吗？这里有一些建议

选择一条有风险的道路，很可能到了目的地之后，才发现并不是我们心中的理想居所。一旦装修完，我们就要住不止七八年，保守起见，在出发之前请留意这两条路标，确保我们无论怎么样冒险都能安全着陆。

能否长久喜欢这个颜色

我们在理财之前会考虑自己的资金承受能力。在使用冒险色之前，也应考虑一下自己能否长久喜欢这个颜色，而不是图一时之快。

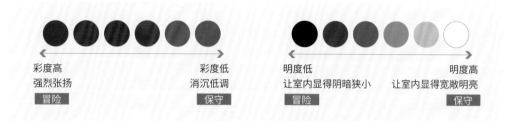

彩度高	彩度低	明度低	明度高
强烈张扬	消沉低调	让室内显得阴暗狭小	让室内显得宽敞明亮
冒险	保守	冒险	保守

▲用色时不能图一时开心，要认真考虑能否与这个颜色长期相处，达到一种平衡的状态

小面积冒险色，大面积保守色

理财时，我们会选择小金额冒险，大金额保守，颜色的世界也遵循同样的规则。下面是家里物品按面积大小的分类，面积越大，风险越大。在我看来，面积是 M、L、XL 级别的物品，以及价值高、不好更换的物品，领回家之前，都需要认真打量一下是否"危险"。

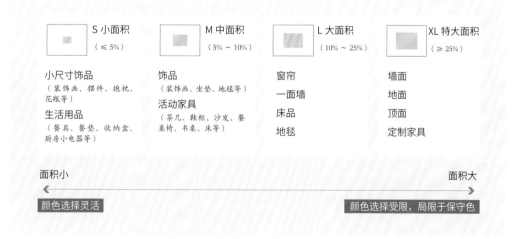

S 小面积 (≤ 5%)	M 中面积 (5% ~ 10%)	L 大面积 (10% ~ 25%)	XL 特大面积 (≥ 25%)
小尺寸饰品 （装饰画、摆件、抱枕、花瓶等） 生活用品 （餐具、餐垫、收纳盒、厨房小电器等）	饰品 （装饰画、坐垫、地毯等） 活动家具 （茶几、鞋柜、沙发、餐桌椅、书桌、床等）	窗帘 一面墙 床品 地毯	墙面 地面 顶面 定制家具

面积小 　　　　　　　　　　　　　　　　　　　　　　面积大

颜色选择灵活 　　　　　　　　　　　　　　颜色选择受限，局限于保守色

下面是稳健型的选色对比卡。面积达到 XL 级别时，一定要选择安全的颜色。高风险的颜色在生活中很少见。中风险的颜色比较常见，但也不建议大面积使用。低风险的颜色虽然比较保守，但属于消沉色，同样不建议大面积使用。

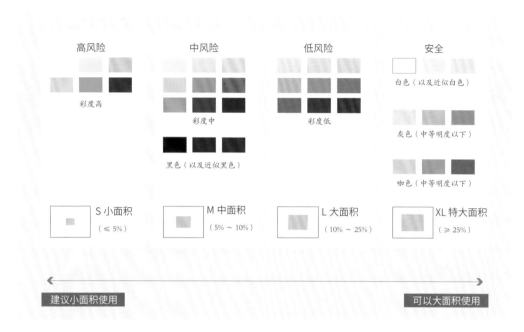

▲ 大面积的鲜艳色会带给人刺激的感觉，我想应该不会有人喜欢这么装饰家

▲我们拿这套小户型来做个实验，在同样的光照情况下，尝试用两种明度的颜色来装饰。暗色调的房间（房顶保留了白色，其他的物体都是灰色系）显得阴暗狭小，白色房间显得轻快敞亮。借用色彩来调整房间的亮度，也是在调整心情

专栏 | 如何选择墙面色?

◎ 客厅、餐厅墙面的三种材质

确定选择白色墙面,开始去建材城采购时,有些人会有疑问:"为什么大白墙还有这么多种类?"不同的材质和"五颜六色的白"会耗费我们不必要的精力。事实上,我们可以把问题简单化。客厅、餐厅的墙面材质,除乳胶漆外,还有艺术漆和壁纸／壁布,其中乳胶漆是最受欢迎的墙面材料。

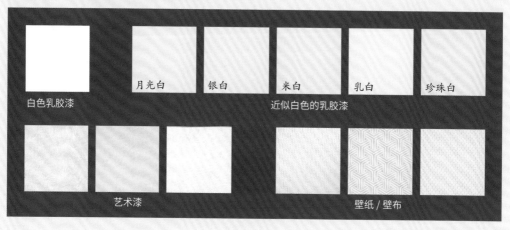

白色乳胶漆　　月光白　　银白　　米白　　乳白　　珍珠白

近似白色的乳胶漆

艺术漆　　壁纸／壁布

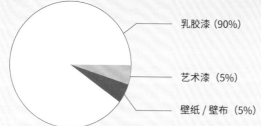

乳胶漆(90%)

艺术漆(5%)

壁纸／壁布(5%)

◀在北京,选择乳胶漆的业主能占到90%以上。乳胶漆能调制出不同的白色,选择纯白色的人群占比在90%以上

白色有很多种,除非要营造特殊的效果,我一般建议选择最普通的纯白色。白色的气质是纯净无染的,我们无须费力再做太多的文章,选择纯白色,肯定不会出错。在白色的基础上,加点颜色、纹理,会让空间传递的"情绪"更强烈一些,营造出更好的氛围感。作为大面积使用的打底色,加入的彩色不能太多,加入的纹理不能太明显。

如果你喜欢奶油风格,那么可以选择奶白色乳胶漆。如果你喜欢侘寂风格,那就选择彩度更低的米色,或者带有纹理的艺术漆。如果是美式、复古等传统风格,带纹理的壁布是不错的选择,远看是白色,近看还有精致的凹凸肌理。

◎**乳胶漆的三种不同质感**

按光泽度分类，乳胶漆可以分为亚光和亮光，建议选择亚光的，光线漫反射会给人柔和的感觉。如果想营造贵气精致的效果，则可以选择亮光。

乳胶漆会带一些纹理，商家给不同纹理起了很多名字，比如"肤感""蛋壳""丝光""橘皮""小羊皮"等。很多业主会追求明显的纹理感，个人觉得不必吹毛求疵，这个细节不会影响房间的整体效果。

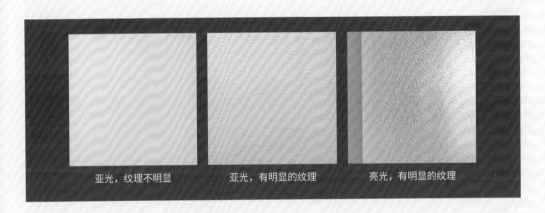

亚光，纹理不明显　　　　　亚光，有明显的纹理　　　　　亮光，有明显的纹理

◎**厨房、卫生间的白色瓷砖怎么选？**

白色瓷砖是厨房和卫生间的首选。前几年流行各式各样的小白砖，单单是砖的形状、砖缝颜色和粗细都能让人眼花缭乱。近几年开始流行大尺寸的白砖，把砖缝弱化到最低，尽可能简约，一眼看过去几乎是一面大白墙。此外，还有经久不衰的大理石纹样瓷砖，让白色的墙面看起来没那么单调，但是无论怎样都离不开白色。

我们的关注点应该是瓷砖是主角还是配角，想让它引人注意还是退为背景，毕竟家里的主角只能有一个。

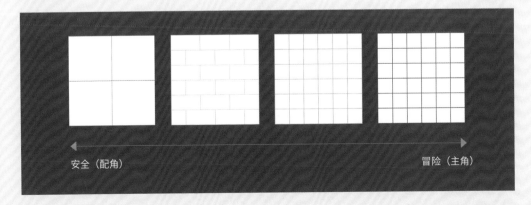

安全（配角）　　　　　　　　　　　　　　　　　　　　冒险（主角）

安全（配角）　　　　　　　　　　　　　　　　　　冒险（主角）

确定了瓷砖在家里的地位，就不用太纠结形状、砖缝大小和颜色了。在安全系数相同的情况下，这些瓷砖所带来的效果差别不大。

◎ 你家谁是主角？

很多房间装饰失败的原因莫过于主角太多，家成了竞技赛场，总会有三五个不分胜负的冠军选手为争夺地位而战。这么热闹的家无异于商场，聚光灯下夺目的商品让人应接不暇。作为我们的居住场所，家中的物品最好有主次之分，这样才会有秩序感。

有时我们还会买一些不必要的物品，把家变成物品的堆砌场；或者买很多漂亮的装饰品，借由这些引人注目的物品来宣告自己的家多么与众不同。这相当于利用家来点燃我们的欲望之火，从而遮住了内心的声音。

家这个舞台的面积有限，容不下太多主角。我们带回家的物品，一定是让我们怦然心动的物品：可能是门厅处一面大理石纹样的背景墙，厨房地面的复古小花砖，或者是客厅的一面玫瑰红墙面……如果你真的喜欢，就把它放在视觉中心，甚至追加一束灯光来点亮它。接下来，家里出现的所有物品，我们要给它们排列出主次地位，这样家才会有秩序感。

再回到墙面材料的选择上，如果墙面是主角，那么可以让个性的大理石纹样、对比突出的小方砖尽情展示自己，别的物品都要让位于它。如果是配角，就要弱化其存在感。如果是群众演员，那么大理石瓷砖和壁布的纹路不能太明显，远看是白色，在一米的距离内能看到一些细节的变化即可，样式不能太多。

▲在大面积留白的现代空间中，加入天然的大理石瓷砖，让空间更加耐人寻味

3

四种素色系
搭配方案

3.1

让人感到放松、平静的素色

▌ 什么是素色？

素色是指黑、白、灰、咖四个色系，也包含一些低彩度的颜色。鲜艳的色彩能刺激大脑分泌多巴胺，让人兴奋，素色则会让人感到平静、放松。素色十分百搭，能和周围的环境轻松融合在一起，这四种色系在家居界有着非常重要的地位。

▲素色由黑、白、灰、咖四个色系组成

▌ 素色，给心灵一个空档

以下两种性格的人非常适合素色。第一种，性格平淡，处于人静、物简、心安的状态。喜欢独处，喜欢宅在家，喜欢没有波澜的生活，对外在刺激和新鲜的东西不那么感兴趣，素色系的家能给他们带来安全感。第二种，容易焦虑，每天都很匆忙，停不下脚步的人。如果回到家映入眼帘的是一堆鲜艳的物品，会让他们心烦意乱，素色则会让人平静一些，从而回到当下，转向内在，不再向外抓取。

简单的颜色和装饰映射着心灵的空明和宁静，从而带来稳定和专注，使人升起智慧、安详从容。

谈风格，不如谈配色

风格是比较抽象的概念，每个人心中的家居风格千差万别，与其探讨风格，不如探讨风格背后的规律——色彩搭配。我们经常见到的现代简约风格、奶油风格、侘寂风格、日式风格、北欧风格等，基本上都使用了素色系。

我把素色系分成四种类型：黑白灰、原木色、奶油色和大地色。这四种类型能搭配出风格迥异的效果，下面几节内容我将借助不同风格的案例来展示色彩搭配的魅力，透过案例可以发现色彩明度和彩度不同、色彩之间的比例不同，所带来的视觉效果以及背后传递的情感也会截然不同。

如果你也喜欢素色，那么下面案例里一定有你喜欢的配色方案。如果哪个图片中的色彩搭配让你感觉很舒服，有一种想把自己的家也装扮成这种色调的感觉，那么可能是这组颜色戳中了你内心的情绪点，不妨就按照这个感觉来实践一下。

▲ 侘寂禅意风格配色：室内使用低彩度的颜色，搭配天然材质，仿佛把大自然搬回了家

3.2

黑、白、灰——
永不过时的经典颜色

▌黑、白、灰搭配方案

颜色说明： 黑、白、灰没有任何色彩倾向，给人现代感和科技感，常见的有黑白、黑白灰、黑白灰咖三种搭配方式。

特质一： 现代——灰色会让人联想到钢筋混凝土的颜色，手机、家电、汽车等基本上都是黑、白、灰色系。

搭配建议： 造型以直线条为主，可以搭配现代感比较强的材料，比如不锈钢、玻璃、铁艺等表面平滑且有光泽的材质。

特质二： 简约——黑、白、灰三个颜色没有任何色彩倾向，简约、干练。

搭配建议： 墙面、顶面、地面不做复杂的造型，以实用为主，装饰性物品不用太多，因为有的生活用品本身也是装饰品。

▲黑、白、灰

黑、白配色

基调色

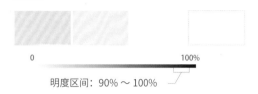

0　　　　　　　　　　　　　　　100%

明度区间：90% ～ 100%

搭配色

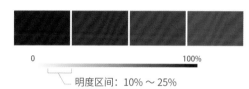

0　　　　　　　　　　　　　　　100%

明度区间：10% ～ 25%

案例一

85%

15%

67-60-57-41
72-72-72
黑色

0-0-0-0
255-255-255
白色

▲ 室内黑色的面积占比为 15%，是常见的比例，面积太大会显得沉闷。这种黑白配色很小众，小部分人由衷地喜爱，鲜明的色彩对比凸显了硬朗的线条，但缺少柔和的语言

案例二

70-64-63-61
51-51-51
黑色

0-0-0-0
255-255-255
白色

▲业主是一位年轻女性，设计师第一次和她沟通时，看到她发来的参考图都是黑白配色的，刚好设计师也擅长这样的风格，两个人一拍即合。完工之后的整体颜色和业主想要的完全一致，是极简、克制的配色。我们现场感受了一下白色地砖，很耐脏。相反，深灰色地砖是最不耐脏的，浅灰色的地砖，脚印踩上去也非常明显

案例三

▲ 有些人觉得大面积的留白有些寡淡，加入浅淡的天然大理石纹理，更加耐人寻味

80%
20%

65-57-56-34
82-81-82
黑色

0-0-0-0
255-255-255
白色

黑、白色调搭配方案分析

只有黑、白两色，我称之为黑白极简风格。这两个颜色之间是否存在最令人舒适的比例？依我看，黑色的面积占比在 10% ~ 20% 之间最合适，空间可呈现出简洁明亮的效果。

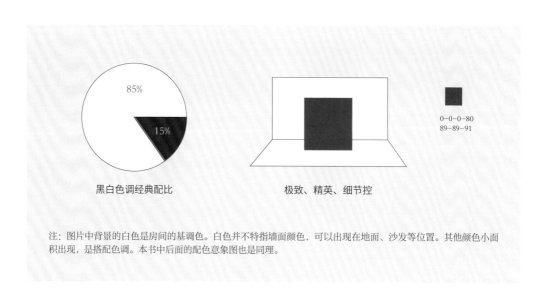

黑白色调经典配比　　　　　　极致、精英、细节控

　　0-0-0-80
　　89-89-91

注：图片中背景的白色是房间的基调色。白色并不特指墙面颜色，可以出现在地面、沙发等位置。其他颜色小面积出现，是搭配色调。本书中后面的配色意象图也是同理。

与黑、白色调匹配的性格特质

颜色到底可以简化到何种程度？我见过最极简的配色是一群设计师为自己打造的办公场所——只有白色，这种纯白色在室内设计中并不常见。不过，近些年十分流行由黑、白两色组成的极简风格。事实上，这种极简效果很难维持，一床被子、一件衣服的加入就会破坏这种格调。纯粹为了极简而极简，不仅会让人觉得做作，还会给生活带来不便。但如果你发自内心地喜爱，那么自然愿意为其舍弃，觉得所有让步都是值得的。

黑色能量是内收且聚焦在人身上的，不需要透过房间扩散出来。如果你喜欢严谨克制的感觉，那么可以通过对颜色的挑剔，来施展完美主义情怀。也可以借由这种风格来收敛一下散乱的注意力，控制自己什么都想抓取的心理。

黑、白、灰配色

基调色

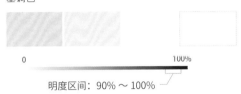

0   100%

明度区间：90% ～ 100%

搭配色

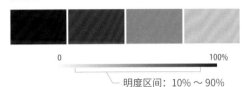

0   100%

明度区间：10% ～ 90%

案例一

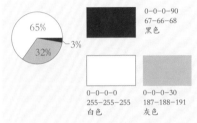

65%
32%
3%

0-0-0-90
67-66-68
黑色

0-0-0-0
255-255-255
白色

0-0-0-30
187-188-191
灰色

◀浅灰色占比达到了 32%，大面积使用这种素净的灰色，会让人心生好感。灰色代表了友善谦逊，是人见人爱的颜色

案例二

▲白色与黑色碰撞，给人棱角分明的感觉，房间像一位硬朗有力、潇洒俊逸的成熟男人。而对我这样心里住着小女生的人来讲，只能远观欣赏，不敢照搬回家

70%
20%
10%

0-0-0-90
67-66-68
黑色

0-0-0-0
255-255-255
白色

44-36-36-1
149-149-149
灰色

黑、白、灰色调搭配方案分析

黑、灰、白三色面积最常见的比例为 1∶3∶6，这是最大众化的选择。我们可以根据不同颜色的面积来调整室内的色调，营造出不同的氛围。

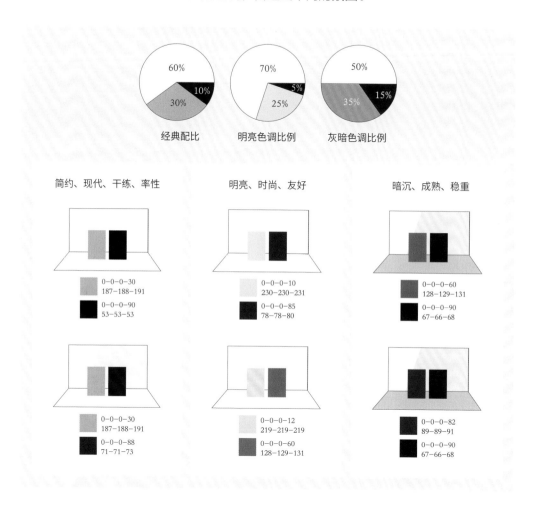

黑、白、灰、咖配色

基调色

0　　　　　　　　　　　　　100%

明度区间：90% ～ 100%

搭配色

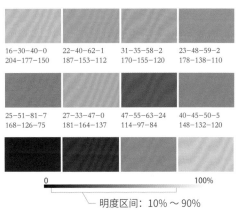

16-30-40-0　　22-40-62-1　　31-35-58-2　　23-48-59-2
204-177-150　187-153-112　170-155-120　178-138-110

25-51-81-7　　27-33-47-0　　47-55-63-24　　40-45-50-5
168-126-75　　181-164-137　114-97-84　　148-132-120

0　　　　　　　　　　　　　　　100%

明度区间：10% ～ 90%

案例一

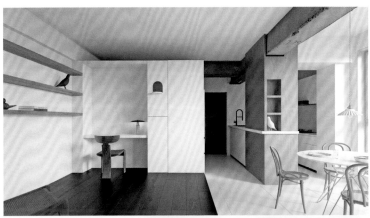

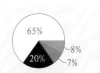

67-60-59-45
69-69-69
黑色

0-0-0-0
255-255-255
白色

47-39-39-3
140-140-140
灰色

22-39-62-1
185-154-112
咖色

◀室内颜色简洁分明，没有拖泥带水，想必业主是位干练利落之人。屋顶是灰色的，地面是黑色木纹砖，让人觉得出其不意，但只要守住黑、白、灰、咖四种颜色的比例，就能四平八稳，确保整体效果

案例二

▲近似橘色的地板,色泽鲜艳,搭配充满趣味的造型,让房间活泼俏皮起来。室内住了三代人,有老人和刚出生的宝宝,随后会有大量的生活用品加入,但即便房间有点乱,也会让人感觉刚刚好。从颜色营造的氛围中,能瞥见烟火气息和一家人和睦相处的画面

65%
2%
20%
13%

70-64-63-61
51-51-51
黑色

0-0-0-0
255-255-255
白色

44-36-36-1
149-149-149
灰色

25-46-60-3
174-138-110
咖色

案例三

▲这个家的配色以白色为主，灰色占比达到 25%，仅占 8% 的咖色彩度很低，略带清心寡欲、淡泊宁静的味道

70-64-63-61
51-51-51
黑色

0-0-0-0
255-255-255
白色

44-36-36-1
149-149-149
灰色

37-49-62-11
145-122-100
咖色

案例四

▲这套 2019 年完工的案例，隔几年再次翻看依然感觉没有过时。经典的黑、白、灰、咖配色，极简的造型，设计师没有刻意追求流行趋势，反而经得起时间的考验

70—64—63—61	0 0 0 0	44—36—36—1	35—42—47—3
51—51—51	255—255—255	149—149—149	160—141—128
黑色	白色	灰色	咖色

案例五

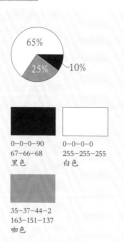

0—0—0—90	0—0—0—0
67—66—68	255—255—255
黑色	白色

35—37—44—2
163—151—137
咖色

▶室内由黑、白、咖三种颜色组成，没有中性灰，圆弧角的沙发代替了硬朗的直线条，让室内多了几分柔和温馨之意

案例六

▲ 在黑、白、灰色调的空间中，点缀一抹鲜艳温暖的咖色，为原本冷酷的房间增添一丝暖意

80%
5%
10%
5%

70-64-63-61
51-51-51
黑色

0-0-0-0
255-255-255
白色

57-48-48-14
112-112-113
灰色

20-50-80-3
181-133-79
咖色

案例七

▲ 大面积使用温暖的咖色，而灰色和黑色点到为止。原木色自带温馨优雅的气质，搭配笔直的线条，整个家看上去像丝滑细腻的巧克力，房间里的人似乎也能感受到扑面而来的浓郁醇香气息

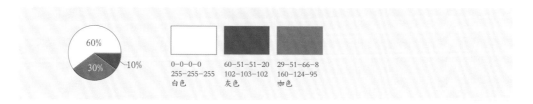

60%
30% 10%

0-0-0-0
255-255-255
白色

60-51-51-20
102-103-102
灰色

29-51-66-8
160-124-95
咖色

黑、白、灰、咖色调搭配方案分析

白色是主色调，占比通常在 65% 左右，以确保室内整体色调明快。黑色是点缀色，大多不超过 10%。灰色或咖色是主角，此消彼长，具体看你喜欢哪一位。使用大面积的咖色时，建议选择低彩度的，以免和黑、白、灰产生冲突。如果是小面积的咖色，则可以是鲜艳的暖咖色，以增加温馨的氛围。

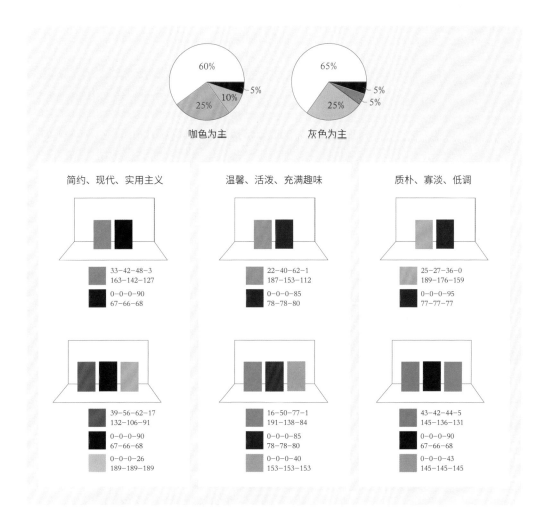

咖色为主　　　　　　灰色为主

简约、现代、实用主义　　　　温馨、活泼、充满趣味　　　　质朴、寡淡、低调

与黑、白、灰、咖色调匹配的性格特质

在黑、白、灰中加入咖色，既有现代感，又富有自然气息。这种色调的家，容易让人联想起一家人幸福生活的温馨画面。

如果家是一场舞台剧，那么在房间来回走动的人、玩耍的宠物、跑来跑去的孩子，甚至玩具、餐盘，都是舞台的主角，房屋本身所呈现出的黑、白、灰、咖色调，就是舞台剧的幕布。物品的装饰性已经不重要了，统一围绕功能展开，家自然变成了生活的一部分。

选择这种颜色的人，追求实用性，注重家庭生活，通常不会被世俗观念所束缚，属于"无风格主义"。

3.3

原木色——让大自然来调色

▌原木色搭配方案

颜色说明： 原木色属于咖色系，是天然木材的颜色；木材本身的肌理也会呈现出来。原木风可分为清新原木风与稳重原木风两种。

特质： 自然放松，让人感觉像身处大自然之中，我们会感觉心旷神怡、放松宁静，原木材质和大自然一样，会带给我们放松舒适的感受。

搭配建议： 除实木之外，还可以搭配藤编、棉麻、陶土等材料，这些天然材质不仅在视觉上带给人舒适感，触感也很温润，让人置身家中也能感受到大自然质朴的一面。这与现代风格坚硬、光滑的材质不同。

▲原木色

清新原木风配色

基调色

0-0-0-0
255-255-255
白色

搭配色

35-53-69-14
142-113-87

22-40-62-1
187-153-112

16-30-40-0
204-177-150

6-13-27-0
232-216-186

15-53-88-1
193-134-67

27-59-96-12
156-109-54

29-65-96-18
142-94-49

29-46-58-4
165-135-111

案例一

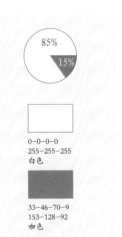

85%
15%

0-0-0-0
255-255-255
白色

33-46-70-9
153-128-92
咖色

◀这个家的配色以白色为主，仅用了15%的原木色点缀，属于高亮度的配色。大面积的白色容易使空间显得乏味，设计师用了一些曲线造型的物品，整个房间仿佛在空中飘浮着，轻盈缥缈。室内出现两种颜色足以，能使房间里的物品整齐划一

案例二

▲白色与咖色的比例是 6：4，这是经典的配色比例。咖色彩度低，带着岁月的痕迹，房间显得低调含蓄，搭配两把中式风格的餐椅，为空间带来古朴的气息

60%

40%

0-0-0-0
255-255-255
白色

35-42-54-5
158-138-117
咖色

案例三

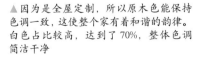

▲ 因为是全屋定制，所以原木色能保持色调一致，这使整个家有着和谐的韵律。白色占比较高，达到了70%，整体色调简洁干净

70%
30%

0-0-0-0 255-255-255 白色	27-44-70-4 170-139-97 咖色

案例四

▲白色与咖色的比例同样是 6：4，原木色彩度高，室内气氛更加欢愉轻松。同色调的屏风和家具都是日式风格的经典元素。白色是纯净无染的纯白色，不带任何肌理杂质。事实证明，我们需要的颜色并不多，两种足以

60%

40%

0-0-0-0
255-255-255
白色

23-50-72-4
174-131-90
咖色

案例五

▲ 室内用了比较鲜亮的原木色，配比超过了白色，占65%，整个家像是沐浴在温暖的阳光里

0-0-0-0
255-255-255
白色

18-42-67-1
192-151-104
咖色

案例六

▲原木色占比达到了 50%，是比较折中的色彩配比。原木色的彩度比较低，传递出平稳的情绪。这里的原木色在窗户、房门、柜门处呈现出了纤细的造型，这使房间不再呆板，变得轻盈灵动起来

50%

50%

0-0-0-0
255-255-255
白色

27-42-62-3
173-144-109
咖色

清新原木色调搭配方案

白色、原木色最常见的比例是 6：4，可以上下调整。这种配色会使房间呈现出明快的浅色调，浅色是扩张的、后退的色彩，会让空间显得更加宽敞，因此比较适合小户型，这种配色方案常用在北欧风格和日式风格的居室中。

白色和原木色的比例为 6：4

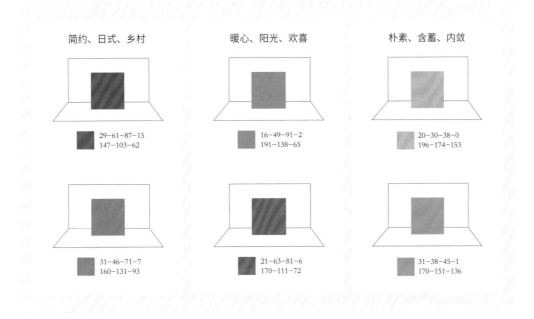

简约、日式、乡村

29-61-87-15
147-103-62

31-46-71-7
160-131-93

暖心、阳光、欢喜

16-49-91-2
191-138-65

21-63-81-6
170-111-72

朴素、含蓄、内敛

20-30-38-0
196-174-153

31-38-45-1
170-151-136

与清新原木色调匹配的性格特质

当我们用水晶灯、大理石等昂贵的现代感材料打造奢华空间时，会有种隔阂感，心是紧着的，身体也会局促不安。奢华的现代空间并不能帮助我们卸下压力、放松身心，但待在用原木、藤编等天然材质装扮的温馨小家，身心则会放松下来。如今，无数坐落在大自然中的民宿几乎都有原木色配色，这也是顺应了人们内心对大自然的向往。

清新原木风格会让家的氛围变得愉悦松弛，适合过度紧张焦虑的人。原木色与白色搭配，整体呈现出浅色调，给人带来年轻的感觉，有未来充满一切可能的积极意味。

稳重原木风配色

基调色

0-0-0-0
255-255-255
白色

搭配色

42-65-67-32   50-56-63-27   38-56-71-20   36-67-75-28
108-80-70   106-93-82   131-103-79   120-83-65

38-45-52-7   27-33-47-0   49-61-73-42   53-57-71-39
149-131-117   181-164-137   89-73-59   90-79-64

案例一

0-0-0-0
255-255-255
白色

49-67-77-57
73-55-42
咖色

◀深色家具的占比超过了白色，成为室内的主色调，这使房间看起来像一杯香浓醇厚的美式咖啡。深色容易产生凝聚的气场，与开放的浅色系完全不同，让人感觉踏实、有安全感

案例二

▲ 深色的家具造型古典，在光的衬托之下，室
内呈现出古色古香的棗色调，带领我们感受穿
越时光之美

50%

50%

0-0-0-0   41-64-70-30
255-255-255   112-84-70
白色   咖色

案例三

▲家具表面呈现出粗糙的磨砂质感，容易让人
联想到美式乡村怀旧风格

40%
60%

0-0-0-0
255-255-255
白色

30-58-75-13
149-109-78
咖色

稳重原木色调搭配方案

深咖色的占比超过了白色，室内的整体色调比较暗沉，这也契合了胡桃木（最常见的深色木材）本身沉稳的特质。这种色调有助于打造出禅意风格，若加入复古绿和黄铜材质还可以打造中古风格。

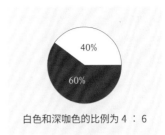

白色和深咖色的比例为 4∶6

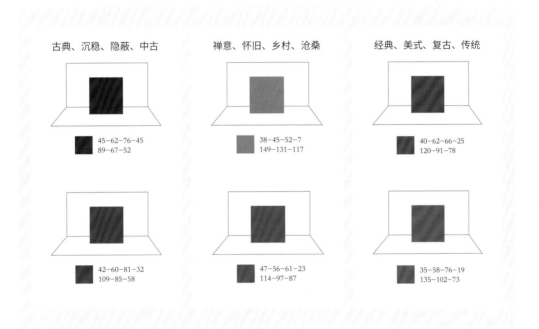

古典、沉稳、隐蔽、中古

45−62−76−45
89−67−52

禅意、怀旧、乡村、沧桑

38−45−52−7
149−131−117

经典、美式、复古、传统

40−62−66−25
120−91−78

42−60−81−32
109−85−58

47−56−61−23
114−97−87

35−58−76−19
135−102−73

与稳重原木色调匹配的性格特质

典雅庄重的原木色给人成熟稳重之感，通常适合年纪比较大或者内心成熟的业主。在这种状态下，心是沉下来的，而不是飘浮在空中。选择这类配色风格的业主，生活习惯和心理状态往往都已趋于平稳。

深色是前进色，大量使用这种有包裹感的颜色，能给人带来安全感。稳重原木色调还能让房间的气场凝聚，你的生活是平淡幸福的，还是失落忧郁的？房间会呈现出相同的特质。

3.4

奶油色——可以甜美，也可以优雅

▌奶油色搭配方案

颜色说明： 奶油色近似白色，白中偏黄，可以代替白色大面积使用，或者与白色搭配使用。我把奶油色分为甜美奶油风格和优雅奶油风格。

特质一： 柔和丝滑——不像酒那么刚烈，也不像水那么纯净，牛奶的口感是细腻绵柔又醇厚的。

搭配建议： 弧形是奶油风格的标配，在基础装修中表现为拱形门洞、弧形吊顶、弧形墙面装饰造型等；在软装饰品中体现为弧形沙发，有曲线造型的装饰画、镜子、单椅等；还可以搭配柔软的面料，比如壁布、毛茸茸的地毯，窗帘、沙发可以选择绒布材质。

特质二： 优美典雅——这不是奶油色本身的特质，深沉的胡桃木色和黑色给人典雅庄重的感觉，这两个颜色和奶油色搭配起来，柔和与庄重相互碰撞，彰显出优雅从容的气质。

搭配建议： 小面积黑色，比如带黑色图案的抱枕、地毯、餐椅、装饰画等，避免出现黑色的直线条。还可以搭配低彩度的咖色，比如实木地板、实木家具等。

特质三： 温暖甜美——牛奶中的乳糖会让我们感到香醇与一丝甜意。

搭配建议： 橘色、粉色是暖色调，搭配奶油色，强调温暖甜美的感觉。

▲奶油色

甜美奶油风格配色

基调色

8-8-16-0 230-225-210	6-6-22-0 236-229-202	2-5-28-0 244-234-193	0-4-33-0 251-239-186
4-5-9-0 239-236-226	2-4-12-0 245-240-223	1-3-16-0 248-241-216	0-2-20-0 254-245-211
3-2-3-0 245-245-243	2-2-4-0 248-245-240	0-2-7-0 252-248-235	0-2-9-0 254-248-232

搭配色一：柔情蜜意、柔和含蓄

14-16-30-0 215-204-178	26-37-53-1 181-157-127	18-41-59-1 193-154-116	13-25-32-0 210-188-167
4-8-11-0 237-229-219	8-27-42-0 219-186-150	18-26-40-0 201-182-154	20-34-43-0 194-166-143

搭配色二：活泼甜美、热情洋溢

6-12-45-0 232-216-156	2-57-67-0 216-135-95	0-36-74-0 231-172-95	2-20-33-0 234-204-170
0-22-59-0 240-201-127	2-20-33-0 234-204-170	5-44-50-0 217-156-125	10-41-72-0 210-158-97

案例一

0-0-0-0
255-255-255
白色

8-9-19-0
229-222-204
奶白色（近似白色）

11-20-38-0
218-198-162
咖色

▲室内添置了大量的弧形家具，形状与色调一致，都非常柔和，相互映衬之下，奶油风格的感觉更足了，整个家像是一杯味道浓郁的热牛奶。如果你选择了奶油色系，那么柔和的弧形家具和装饰品是必不可少的

案例二

95%

5%

2-2-4-0
248-245-240
奶白色（近似白色）

20-46-68-2
185-142-99
咖色

▲ 整个房间95%是奶白色，给人纯净之感，像一位纯洁的小姑娘。依我看来，这种不耐脏的色调，不太适合有宠物和孩子的家庭

案例三

▲ 相较于上一套作品，这个家咖色的占比有所增加，整体保持浅色调，房间仿佛自带滤镜一般，非常柔和。室内没有特别突出的物品，整个家浑然一体

75%

25%

0-0-0-0
255-255-255
白色

11-13-21-0
221-213-197
奶白色（近似白色）

19-28-40-0
198-178-153
咖色

甜美奶油色调搭配方案

奶油色（包含白色）是主角，占比通常能达到80%或以上。奶油色越多，柔绵丝滑的感觉会越强烈。橘色、咖色点到为止即可，确保室内整体为高明度的浅色调。

甜美奶油色调经典配比

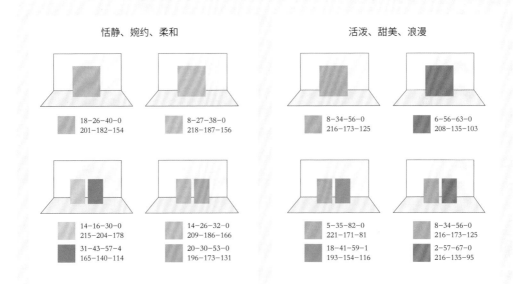

恬静、婉约、柔和

18-26-40-0
201-182-154

8-27-38-0
218-187-156

14-16-30-0
215-204-178
31-43-57-4
165-140-114

14-26-32-0
209-186-166
20-30-53-0
196-173-131

活泼、甜美、浪漫

8-34-56-0
216-173-125

6-56-63-0
208-135-103

5-35-82-0
221-171-81
18-41-59-1
193-154-116

8-34-56-0
216-173-125
2-57-67-0
216-135-95

与甜美奶油色调匹配的性格特质

小时候，我们可能比较喜欢红、黄、蓝、绿等鲜艳的色彩。随着年龄的增长，少年时期对颜色的表达开始变得含蓄起来。这种甜美的奶油色是内心克制与渴望探索新鲜事物矛盾心理的表现，表面看似懵懵懂懂，内心却有股力量在暗流涌动。

无论男生、女生，无论年纪大小，都可以通过弥漫着甜美气息的色调来抒发我们诗意的情怀。奶油风格配色给人温和友善、甜蜜浪漫的感觉，是非常有情调的装饰风格。

优雅奶油风格配色

基调色

8-8-16-0 230-225-210	6-6-22-0 236-229-202	2-5-28-0 244-234-193	0-4-33-0 251-239-186
4-5-9-0 239-236-226	2-4-12-0 245-240-223	1-3-16-0 248-241-216	0-2-20-0 254-245-211
3-2-3-0 245-245-243	2-2-4-0 248-245-240	0-2-7-0 252-248-235	0-2-9-0 254-248-232

搭配色一：素净优雅、高贵奢华

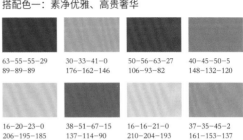

63-55-55-29 89-89-89	30-33-41-0 176-162-146	50-56-63-27 106-93-82	40-45-50-5 148-132-120
16-20-23-0 206-195-185	38-51-67-15 137-114-90	16-16-21-0 210-204-193	37-35-45-2 161-153-137

搭配色二：如秋日暖阳般温暖可亲

27-33-47-0 181-164-137	29-36-45-1 174-156-137	38-56-71-20 131-103-79	22-33-41-0 191-168-147
30-46-78-8 160-130-82	48-54-63-24 112-98-85	25-40-65-0 184-153-110	65-58-57-36 79-79-79

案例一

70% 25% 5%

0-0-0-0
255-255-255
白色

5-4-11-0
238-235-223
奶白色（近似白色）

0-0-0-90
67-66-68
黑色

35-37-44-2
163-151-137
咖色

▲如果你觉得甜美奶油风格过于甜腻，那么用奶油色搭配黑色与低彩度的咖色，就能让家的气质变得沉稳而深邃。注意：应避免出现不锈钢、金属等过于坚硬的材质，以及棱角分明的线条，这些都会破坏奶油风格的柔和细腻之美

案例二

▲ 相比甜美奶油风格,这个家给人的
感觉冷静睿智了不少。墙面的弧线造
型和充满趣味的餐椅,让庄重的黑色
不再刻板,而是多了一些俏皮可爱

70%

25%

5%

6-5-10-0
236-234-226
奶白色(近似白色)

35-37-44-2
163-151-137
咖色

0-0-0-90
67-66-68
黑色

优雅奶油色调搭配方案

奶油色占比达到 70% 左右，比甜美奶油风格稍显暗淡，常见的法式奶油风格通常为右图的配色比例。

优雅奶油风格色彩配比

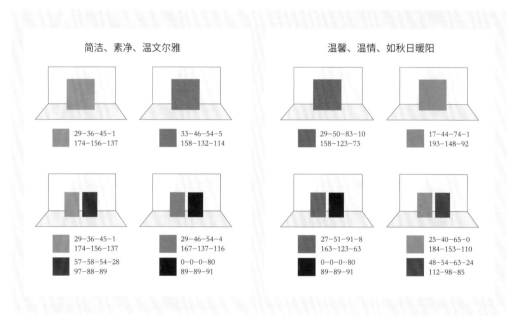

简洁、素净、温文尔雅

29—36—45—1
174—156—137

33—46—54—5
158—132—114

29—36—45—1
174—156—137
57—58—54—28
97—88—89

29—46—54—4
167—137—116
0—0—0—80
89—89—91

温馨、温情、如秋日暖阳

29—50—83—10
158—123—73

17—44—74—1
193—148—92

27—51—91—8
163—123—63
0—0—0—80
89—89—91

25—40—65—0
184—153—110
48—54—63—24
112—98—85

与优雅奶油色调匹配的性格特质

深谙世事、成熟笃定的人，非常适合这组配色。透过家来展现我们优雅的气质。一个人在家时也可以优雅从容，这种优雅是由内而外的，因为家是居住者内心的投射。

有一位智者说过："女人的心静下来，自然就会变得优雅。"回顾自己焦虑的时候，生活一团乱，那个时候的言行举止和优雅相去甚远。如果你平时也会有忙乱的感觉，那么不妨采用稳重优雅的奶油配色，借助颜色让心沉静下来，找到自在从容的感觉。

3.5

大地色——把深沉的能量带回家

▌大地色搭配方案

颜色说明： 橘黄色与橘红色之间的低彩度颜色，我称之为大地色。大地色是深沉的、温暖的，带给人归属感。这种源自大地的色彩会让人联想到养育我们的黄土地，黄土地自带亲和力，让人情不自禁地想去触摸和亲近。

特质一： 粗犷——大地给人的感觉是粗糙的、不拘小节的。

搭配建议： 带自然肌理的水泥漆墙面、表面凹凸不平的装饰画等。

特质二： 自然——大地色是大自然中最常见的颜色之一。现代化、高科技的产品，永远崭新、一成不变，而生命有消逝之美，这种沧桑的颜色是大自然的一部分。现代主义建筑大师路德维希·密斯·凡德罗（Ludwig Mies Van der Rohe）说过："判断材质好坏的标准是变旧的时候，是否依然美观。"

搭配建议： 材质上，搭配做旧的实木家具、带肌理感的墙面、图案斑驳的亚麻地毯、流沙质感凹凸起伏的装饰画等。造型上，使用不规则的曲面镜子、坐墩、吊灯等，来体现自然感，而不是刻意为之。

特质三： 沉稳——大地深沉的能量给我们稳重踏实的感觉。

搭配建议： 黑色、深咖色是彩度非常低的颜色，带着大地母亲般深沉的能量。

▲大地色

温暖大地风格配色

基调色

16-16-18-0 210-203-197	15-18-19-0 210-200-194	13-18-22-0 214-202-190	9-18-23-0 222-204-189
9-9-9-0 228-224-221	7-11-10-0 229-221-218	7-10-12-0 231-222-215	5-10-13-0 233-223-214
4-3-4-0 241-240-238	3-4-4-0 242-239-238	3-4-4-0 243-240-237	2-4-5-0 244-240-235

搭配色

11-35-61-0 211-169-117	27-46-49-2 172-139-123	30-62-83-16 145-101-65	51-49-53-16 119-112-105
23-47-71-3 177-137-93	20-33-53-0 196-169-131	20-75-85-8 166-91-62	56-55-57-27 99-92-88

大地色的色域比奶油色要广，从橘红色系到橘黄色系（涵盖奶油色），我们之所以经常看到一些奶油侘寂风格的配色，是因为两种风格的基调色有重复。

▲温暖大地风格色谱：从橘黄色系到橘红色系，都是来自大地的色彩，颜色浑厚饱满，蕴含着无限的潜能

案例一

▲室内像是化了浓郁的大地色系妆容一样，咖色的粉底，橘红色的口红，黑色的眼影中泛着红光，使整个房间透露出激情与热烈。橘红色作为点缀的跳色，面积不能太大，否则会让房间显得燥热

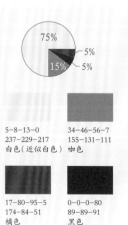

5-8-13-0 237-229-217 白色（近似白色）	34-46-56-7 155-131-111 咖色
17-80-95-5 174-84-51 橘色	0-0-0-80 89-89-91 黑色

案例二

▲浅咖色是室内的主色调，占比达到 75%，其余 25% 的颜色与主色调一致，完全融入其中，没有一件物品能跳出画面来

5-7-9-0
236-231-225
奶白色（近似白色）

24-33-39-0
188-167-151
咖色 1

41-59-69-25
119-94-76
咖色 2

21-53-71-4
178-128-91
橘色

案例三

◀黑色和橘红色的面积仅占 8%，点到为止。大面积的艺术漆为磨砂质地，像一件穿了多年的羊绒衫，柔软而妥帖，给人亲切之感，让人忍不住想伸手去触碰墙壁

3-4-4-0
242-239-238
白色

10-11-16-0
224-217-207
奶白色（近似白色）

62-63-69-60
60-54-48
黑色

20-75-85-8
166-91-62
橘红色

温暖大地色调搭配方案

浅咖色（近似白色）占比最大，浑厚的咖色系贯穿整个空间，黑色作为点缀色，可有可无。

温暖大地色经典配色比例

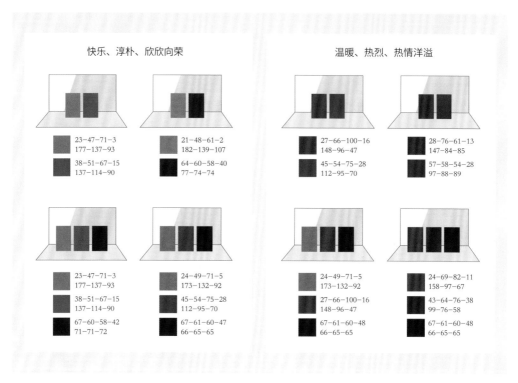

与温暖大地色调匹配的性格特质

大地孕育着生命，生生不息。我们每个人都是大地的儿女，渴望通过回归自然的色彩装扮，找回对大地母亲深深的眷恋之情。大地色传递的情感是踏实安稳的，搭配粗糙的质感时，仿佛把大地母亲深沉的能量带到了家里，让家的气氛沉稳又朴素。

如果你平时有无力感，总是提不起精神，那么建议你选择有大地色的配色方案，相信这样热情的色彩会给你无穷的力量，能唤醒你内在的力量。

侘寂禅意风格配色

基调色

16-16-18-0 210-203-197	15-18-19-0 210-200-194	13-18-22-0 214-202-190	9-18-23-0 222-204-189

9-9-9-0 228-224-221	7-11-10-0 229-221-218	7-10-12-0 231-222-215	5-10-13-0 233-223-214

4-3-4-0 241-240-238	3-4-4-0 242-239-238	3-4-4-0 243-240-237	2-4-5-0 244-240-235

搭配色

33-37-59-3 165-149-116	36-34-47-2 161-153-135	16-19-27-0 209-198-180	25-30-38-0 186-171-154

32-34-38-0 171-160-150	38-51-67-15 137-114-90	25-24-27-0 188-181-175	40-45-50-5 148-132-120

▲侘寂禅意风格色谱：彩度极低，给人一种无所欲求、平淡素净的感觉。正如古人所言："非淡泊无以明志，非宁静无以致远。"

案例一

▲室内的材质完美呈现出自然质朴的一面，蚕丝吊灯、亚麻地毯、粗犷的陶土摆件、流沙肌理的装饰画、原木树桩茶几，素雅的颜色，仿佛把大自然直接搬回了家

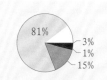

81% 3% 1% 15%

0-0-0-0
255-255-255
白色

9-11-13-0
226-219-213
奶白色（近似白色）

65-58-57-36
79-79-79
黑色

26-31-49-0
183-167-136
咖色1

47-62-71-39
95-76-63
咖色2

案例二

▲阳光照进来，形成阴翳的角落，营造出静谧的气氛。光影变化，时光流转，心也随之安静下来。侘寂风格和奶油风格非常相似：整体是高明度色调，有很多弧形元素。不同之处在于侘寂风格比奶油风格稍显暗沉。此外，侘寂风格还会有做旧的效果，会用到很多天然材质，强调与大自然合一的状态。这套案例中的墙面艺术漆，呈现出饱经风雨侵蚀之后的美感，这是侘寂风格独有的一面

0-0-0-0	9-8-12-0	33-47-70-9	53-63-68-47
255-255-255	227-224-217	153-127-92	80-66-59
白色	奶白色	咖色1	咖色2
	（近似白色）		

侘寂禅意色调搭配方案

浅咖色（近似白色）占了绝大部分的面积，仅用少量的褐色或黑色进行点缀。侘寂风格、禅意风格都采用这个色调，配色简单，但需要在材质上下一些功夫。

侘寂禅意风格经典配色比例

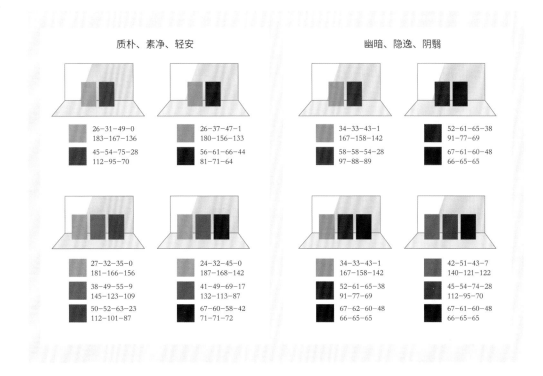

质朴、素净、轻安　　　　　　　　　　幽暗、隐逸、阴翳

26-31-49-0
183-167-136
45-54-75-28
112-95-70

26-37-47-1
180-156-133
56-61-66-44
81-71-64

34-33-43-1
167-158-142
58-58-54-28
97-88-89

52-61-65-38
91-77-69
67-61-60-48
66-65-65

27-32-35-0
181-166-156
38-49-55-9
145-123-109
50-52-63-23
112-101-87

24-32-45-0
187-168-142
41-49-69-17
132-113-87
67-60-58-42
71-71-72

34-33-43-1
167-158-142
52-61-65-38
91-77-69
67-62-60-48
66-65-65

42-51-43-7
140-121-122
45-54-74-28
112-95-70
67-61-60-48
66-65-65

与侘寂禅意色调匹配的性格特质

侘寂风格和枯山水源于日本，深受禅宗和佛教文化的影响，用枯槁、寂静来代替生机之美。鲜艳色是花朵绽放的色彩，可惜花开花落终有时，而这种枯枝般萧条的颜色是岁月洗礼之后的颜色，已然超越了时间和空间。德国哲学家尼采说过："在虚无世界热烈地活着，活在当下，刹那即永恒。"

喜欢这种色调的业主往往不追求物质层面的东西，而是更渴望回归内心。他们心平气和，头脑清明，房间朴素整洁，希望透过耐人寻味的意境来体会当下。

3.6

和颜色做个约定

▌守住约定色，就能守住最终的效果

从我们定下原木风格的那一刻起，就和白色、原木色做了约定，双方都要信守承诺。由于我们和颜色未正式签下白纸黑字的合约，所以有时候会忘了约定，但是颜色不会。从你将一款宝石蓝沙发领回家的那一刻起，颜色就开始惩罚我们了。

"你怎么在这里？我们好像不太熟悉。"不远处的原木色餐桌最先发现这位不速之客。

"是的，听说是色相环另一头的颜色，跟我们原木色家族向来势不两立。"木地板发话了。

"走开，'宝石蓝'！"木地板联合旁边的白色定制家具、原木色餐桌椅、原木色餐边柜愤怒地排挤它。

宝石蓝沙发觉得浑身都不舒服。它太不合群了，完全不能融入新家。直到有一天"宝石蓝"被换掉了，家里又来了一款浅咖色沙发。浅咖色和原木色是同色系，很快与周围的物品打成一片，友好地相处起来。白色和原木色成功捍卫了最开始的约定，非常得意。

当我们购买软装产品时，颜色不会说话，无法提醒你遵守约定，但设计师可以帮你审核打算领回家的软装饰品是否在约定的范围内，不至于买回来之后才发现不匹配。设计是从整体入手的，我们选择物品时容易陷入细节陷阱。颜色的框架是我们前进路上的指南针，让我们安全行驶，不用担心迷失方向。

守住几种颜色是一件很不容易的事。我们生活在家居物品泛滥的时代，好看的家居饰品层出不穷，它们拼命地展示自己的魅力，使出各种花招来吸引你，只为让你把它领回家。衣服多了，任由它五颜六色，关起衣柜门，外表整整齐齐。但家居物品太多的话，颜色就会杂，乱的不仅是房间，还有心。不妨从颜色入手，通过守住约定颜色来守住家的基本色调。

几种简单的素色搭配符合家居美学的基本要素，效果还非常出彩，也能确保家里干净整洁，好打理。我很喜欢这种简单的素色调，我们需要的远远少于拥有的，生活物品如此，家居装饰亦是如此。

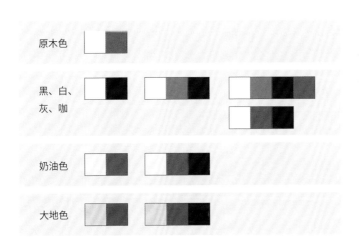

原木色

黑、白、灰、咖

奶油色

大地色

◀这是四种配色风格的颜色框架，由黑、白、灰、咖四个色系组成。左图中这几种颜色是四个色系派出来的家族代表，只要是家族成员里面的，任何一位都可以

▌守住颜色的比例

前面介绍的色调搭配方案中的颜色比例看起来很协调，是保守且安全可行的，也是大多数人的选择。遵循这样的配色比例，我们可以八九不离十地知道未来的效果。当然，你也可以根据感觉稍做调整。

如果你家是采光不足的小户型，你又非常喜欢黑、白、灰色调，想用大面积的深灰色，我不会拦着你去探索，只是想提醒一下：你可能要开启一场冒险之旅了，前方是波涛汹涌的海浪与迷雾，容易看不清方向，随时可能会翻船。不管怎么说，我还是会支持你，这个领域需要孤勇者去探索与众不同的道路。

3.7

跳色——释放内心的"彩色小孩"

▌ 要不要来点跳色？

跳色，简单来说就是用小面积的鲜艳色来点缀。因为这个颜色比较醒目，让人感觉跳出了画面，所以我们称之为"跳色"。如果你问我家里是否选择用跳色，有什么充分理由，我会告诉你，就好比有人每天都在喝白开水，忽然某个晚上朋友给你递过来一杯鸡尾酒，说："来一杯吧。"我想你可能拒绝，也可能接过来。喝完之后心情可能会开心，也可能会变得糟糕。

选不选跳色，和这杯鸡尾酒一样，看此时此刻的心情。跳色会让我们的家居色彩有一些小小的不确定性。当然，选择跳色也要谨慎行事，应尽可能避免变成一次失败的体验。所以，一些提醒还是很有必要的，比如跳色的面积不能太大。

接下来有一个重要的问题要来讨论，选什么跳色？红、黄、蓝、绿、紫……下面我会为前面介绍的素色系搭配最合适的跳色，选择这些颜色，可以确保你把这个物品领回家时能自信满满地说："放心吧，这绝对是能让房间变漂亮的点睛之笔！"

▌ 跟跳色约法三章

领回跳色之前，我会先约法三章，以确保它不会破坏家里平静祥和的气氛，且能经营好其与主色调之间长久融洽的关系。

跳色的面积不能太大

颜色越鲜艳，面积越要小。如果是一块地毯，那么最好是彩度低的。如果是鲜艳的亮橘色，那么最好只出现在一个小靠枕或者一幅装饰画上。

≤ 30%   ≤ 20%   ≤ 10%   ≤ 5%

▲颜色越鲜艳，面积越要小

在黑、白、灰色调的空间中，可以使用任意一种跳色

如果家里的主色调是黑、白、灰，那么赤、橙、黄、绿、青、蓝、紫，我会欢迎这些颜色中的任意一位，但仅限一位。因为任意彩色在黑、白、灰色调中，都会很合拍。

▲黑、白、灰没有任何颜色倾向，是接纳性最强的色调，可以放心大胆地使用跳色

在以咖色为主色调的空间中，避免使用鲜艳的冷色调

如果室内有大面积的咖色，那么我们会明确主色调由咖色来掌控，任何颜色的加入都要顺应咖色的脾气。咖色最擅长营造氛围感，而鲜艳的冷色喜欢跳出画面，会破坏这种氛围感。咖色是崇尚自然的色彩，太鲜艳的颜色在大自然中很少看到，像食物中的人工色素，添加过量会让人没有食欲。这样的色彩出现在自然派的家中，会显得格格不入。

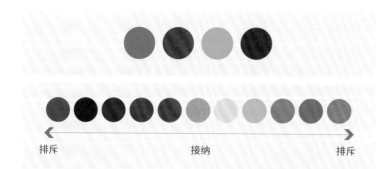

◀鲜艳的冷色调，咖色最排斥跟自己光波频率差别较大的蓝色、蓝紫色、蓝绿色

◀咖色和橘黄色、橘红色是同一个家族的成员，它只能接受家族成员的跳色。和橘色相接近的红色和黄色，与咖色也很搭

排斥　　　　　　　接纳　　　　　　　排斥

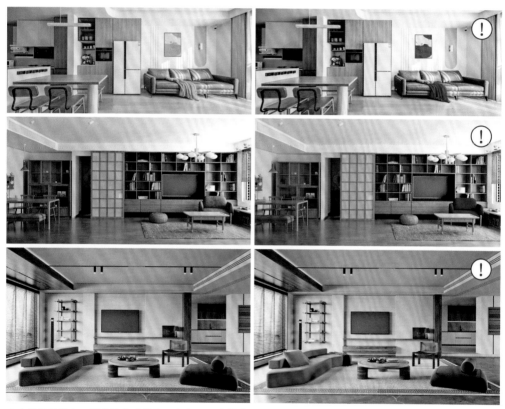

▲左边的场景中，橘色的出现强化了咖色温润的感觉，室内氛围更加温暖。而右边的场景之中，蓝色、紫色跟场景很难融合起来，显得很突兀

以上是我与跳色的约定，只要遵守以上"约法三章"，就能确保选择跳色不会成为一次失败的试验。每个人心里都住着一个彩色的小孩，我愿意让这些颜色给家注入活力。

|专栏|
地面颜色，逃不过这两个色系

◎如何选择地面颜色？

为了耐脏，人们通常会选择灰色系或咖色系作为地面颜色，也就是木地板或瓷砖所呈现的颜色。我所见到的98%以上的地面都是这两种色系。也有一些例外情况，比如，厨房、卫生间可能会出现一些彩色砖。又比如少数人会将几乎接近白色的瓷砖，大面积铺贴在客餐厅。

下面我们谈一下如何选择这两个色系。灰色系只有明度的变化，建议选择明度高一点的颜色。

◀用三维软件模拟自然光，在同样的光照情况下，瓷砖的亮度越高，房间越亮。当阳光照入房间，地面是承接阳光最重要的角色

▲光的反射图，黑色吸收了大部分光线

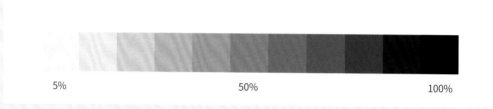

▲亮度对比色卡，建议选择亮度在 50% 以下的灰色地砖

◎ 用折中的态度选颜色

灰色只有明度的变化，而咖色有色相、彩度和亮度三个维度的变化，颜色太多，比较难选择。

彩度变化： 彩度低的颜色更好搭配，但会给人带来消沉的感受，适合保守派。彩度高的颜色能带来强烈的感官刺激，适合冒险派。

色相变化： 偏红的颜色，有人会觉得老气，这是因为偏红的木色容易使人们联想到老式笨重的、带复杂雕花的中式家具，以及早期的木地板、木门。而偏黄的颜色相对比较冷，色泽也不够浓郁。所以，在选择咖色木地板时，大部分人都秉承折中主义，选择中间色彩。

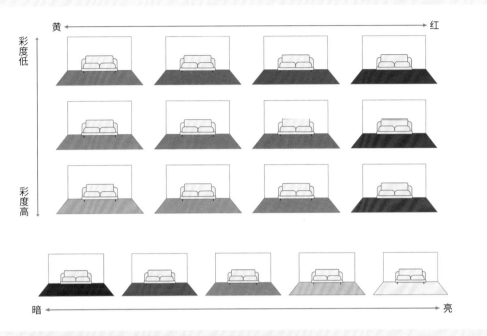

▲咖色有色相、彩度和亮度三个维度的变化，颜色太多，比较难选择

　　柚木和樱桃木的颜色是折中的颜色，深受年轻人喜欢。胡桃木会呈现出不同的颜色倾向，其中胡桃木2（下图所示）是最常见的一种。需要注意的是，最好全屋只使用一种原木色，这样整体性更强。

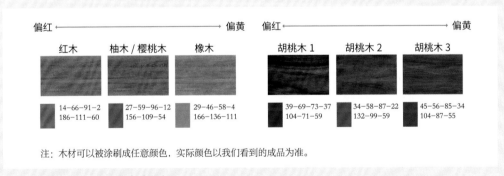

注：木材可以被涂刷成任意颜色，实际颜色以我们看到的成品为准。

▲柚木和樱桃木的颜色是折中的颜色

4

玩转彩色

4.1

重复——配色之美的钥匙

▍重复之美

探究家居美学，总让人觉得遥不可及。因为美学是感性的、精神层面的且难以琢磨的。每个人对美的感受不同，我们无法衡量与定义。这导致我们对装饰自己的家变得不自信，觉得只有专业设计师才能搭配得漂亮。事实并非如此，美的背后有规律可循，而且这个规律再简单不过了。

20 世纪美国哲学家维尔纳赋予美理论基础——形式美法则，让美从精神层面落回到物质层面。形式美法则有很多种形式，比如对称、层次、重复韵律、变化统一等，是美的外在形式，这种形式遵循宇宙万物的运动轨迹，符合生命的生长规律。

在室内设计中，我们只需记住一个法则形式——重复。重复也可以称为呼应、韵律。重复之美源于自然，源于生命。一条金黄色的银杏大道、浩瀚无垠的星空、田野的麦浪、向阳而生的向日葵花田、层层叠叠的山峦……天地万物无尽地重复，使我们的心灵受到震撼。越是重复，越有力量。

颜色的本质是光波，反复出现某个色彩就能强化这个频率的光波，同频共振可产生强大的场域，远远大于单一物品。重复的颜色像是一首有节奏感的音乐，让人们情不自禁地哼唱起来。如果你喜欢某个色彩，那么请让它在你的房间里不断出现。

重复是室内设计师最爱用的一项技法，我们每个人都能轻松掌握。如今，家里的物品种类繁杂，百十平方米中家庭物品的数量甚至能达到上千件。而重复的颜色能将视觉效果化繁为简。

重复是室内设计中最常见的表达方式，有了它，你也可以成为自家的设计师。

室内设计中的跳色与打底色

运用重复法则装饰我们的家之前，先要了解两类颜色——跳色和打底色。打底色主要指白、灰、咖这三类颜色。跳色比较突出，是能抢先一步引起我们注意的颜色。打底色正如化妆时涂抹的粉底，要尽可能均匀明亮；跳色像是鲜艳夺目的口红和五彩缤纷的眼影，面积不大，但很精致。

跳色和打底色是相对概念。比如在某个明亮的浅色调空间中，一张黑色的茶几会成为跳色，如果加入一把红色单椅，那么它会抢走黑色茶几的光辉，成为房间最醒目的跳色，而黑色茶几则退为打底色。同理，咖色可以是打底色，也可以是跳色。

这里谈的重复，是跳色的重复。打底色白、灰、咖很常见，不用刻意而为之，会重复、大面积使用。如果我们无意识间领回了蓝色、粉色、橘色、绿色……而这些鲜艳色之间又没有主次、呼应，那么眼睛就没有了落脚点，视线就散乱起来。

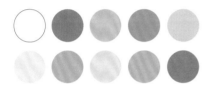

▲打底色包括白色（近似白色）、灰色（明度比较高的中性灰色）和咖色（明度高、彩度低的咖色），属于安全色

▲跳色包含鲜艳色和重颜色（冒险色）。其中咖色、黑色是比较灵活的颜色，既可以当作打底色，也可以作为跳色

跳色（红色）

打底色（白色、咖色）

◀白色和咖色是打底色，红色是跳色。这是简单的小面积跳色

▲无重复跳色。浅咖色的打底色已经铺垫好了，放入不同颜色的软装物品后，给人杂乱无章的感觉

重复跳色（橙色5处）　　打底色（白色、咖色）

9—61—77—0　　　　0—0—0—0　　　18—20—20—0
201—124—79　　　　255—255—255　　204—195—190

▲室内软装物品大小不同，形态各异，材质有别，一旦拥有了相同的颜色——橙色，就像是有了指挥官，能将这些千姿百态的物品融合在一起，让家看起来有秩序感

　　跳色的重复分为同一颜色的重复和多种颜色的重复两类。看似复杂的配色，背后的规律再简单不过——不断重复。

▍同一颜色重复，越简单，越有力量

如果你不想把家搞得太复杂了，那么可以选择单一的跳色重复，非常好上手。只需要选定一种颜色，认准色相，就可以着手装扮了。

◀同一颜色重复，只用一种颜色贯穿设计，室内的整体感强，看起来干净利落

◀同一色相重复，不同明度、彩度，看起来层次丰富。守着同一个色相，给人和谐的感觉

  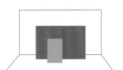 

▲同一色相重复时，通常是大面积的安全色搭配小面积的冒险色。此外，还要拉开明度差距，这样显得更有层次感

▲ 深咖色是打底色，给人消沉之感，鲜艳橙色的反复出现，让室内的氛围变得明朗欢快起来

重复跳色（橙色3处）　　　打底色（深咖色）

5-75-100-0
201-100-46

11-13-14-0　　41-49-57-12　　39-76-72-44
221-213-208　137-119-105　　94-58-53

▲ 屏风和抱枕都是浓郁的红色，这是不甘平凡的颜色，给房间增添了艺术气质

重复跳色（红色3处）　　　打底色（灰白色、淡咖色）

  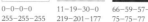

19-98-89-10
158-42-50

0-0-0-0　　　11-19-30-0　　66-59-57-39　　41-34-29-0
255-255-255　219-201-177　75-75-77　　　155-155-162

◀打底色是白色和淡咖色，给人清澈干净之感。绒布沙发是红色的，线条流畅的透明餐椅也是红色的，红色让这两个截然不同的椅子有了联系。红色是喧闹的颜色，小面积点缀在这个安静的环境里，受到周围气氛的影响，也变得冷静下来。

 重复跳色
（正红色 2 处）

19-92-97-9
162-59-45

打底色（白色、淡咖色）

0-0-0-0   18-20-20-0   23-22-28-0
255-255-255   204-195-190   193-186-176

▲浅卡其色是打底色，黑色变得格外抢镜，一跃成为跳色。黑色多次出现，像是跳动的音符精灵，使房间有了韵律之美。假如有鲜艳色加入，黑色就会退为背景色

重复跳色
（黑色8处）　　打底色（浅卡其色）

61-59-67-49　　11-11-13-0　　24-22-27-0
72-67-60　　　221-217-212　　192-186-178

重复跳色（浅蓝色3处）

41-17-25-0　　86-40-32-5
161-182-183　　71-121-145

打底色（偏中性灰色）

0-0-0-0　　　52-41-40-5
255-255-255　　129-133-135

42-41-47-5
147-138-127

▲这间冰雪主题的卧室用了大量浅蓝色，给人放松宁静的感受。颜色的面积越大，重复的次数越多，所带来的情绪就会越强烈

▲打底色是白色和咖色调，室内有两处跳色，大面积的彩色墙是安全的深红色，小面积的沙发是冒险的亮红色，属于简单的同一色相重复

重复跳色（红色2处）　　　打底色（白色、咖色）

26-78-72-16　　4-90-71-0　　　0-0-0-0　　　20-38-55-0
145-79-71　　　200-67-75　　　255-255-255　　191-158-123

▲大面积窗帘是安全的褐色，小面积沙发和抱枕是冒险的亮橘色。橘色系的物品之间有内在的联系，会自动建立联结，我们完全不用担心产生冲突

重复跳色（亮橘色3处）　　　打底色（白色、咖色）

27-55-78-9　　3-59-92-0　　　0-0-0-0　　　20-38-55-0
160-117-77　　214-130-58　　　255-255-255　　191-158-123

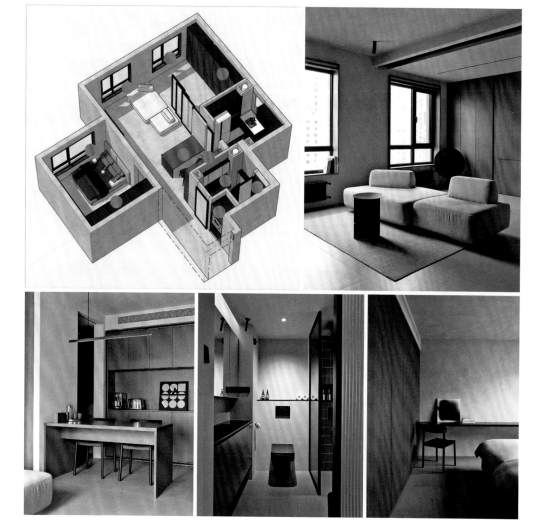

▲ 醒目的橘色大面积用在全屋定制家具上，在没看到最终效果之前，我们多少还有几分忐忑，但只要熟悉颜色背后的规律，就不用担心"翻车"。所有定制家具及窗台的包边是同一种橘色。卫生间淋浴区的瓷砖是橘色系，地毯用了低彩度的咖色，也属于橘色系。打底色没有色彩倾向，专心作陪衬。整体效果统一和谐

	重复跳色（橘色10处）	打底色（浅灰色）		

	27−61−100−13 153−106−49	11−10−14−0 221−218−211	36−33−34−0 168−161−156	74−66−62−70 40−41−43

▲业主是"绿色控"，绿色作为家的主旋律，贯穿设计的始终——大到定制家具、墙漆，小到垃圾桶、热水壶。颜色带来的和谐之美，在这里得到完美展现。选定基调色之后，我们要做的就是减法。舍去基调色之外的颜色，越是舍，越能得，收获韵律和谐之美

	重复跳色（橄榄绿色8处）		打底色（淡咖色）		
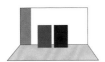					
	65-41-86-28 90-102-65	64-53-76-51 66-69-52	0-0-0-0 255-255-255	13-22-26-0 213-194-180	27-49-60-5 168-132-106

多种颜色重复，色彩进阶玩法

如果你想领两位颜色小朋友回家，那么需要先看一下它们在色相环上的位置。如果两者比较接近，那么这两个颜色为邻近色，它们就能玩到一起。如果两者在色相环上位置相对，即相隔180°，冲突会比较明显，比如红色和绿色、蓝色和橙色、紫色和黄色，这样的两个颜色为撞色（互补色）。

无论是邻近色还是撞色，一定要记得重复使用，不要让它们太孤单。

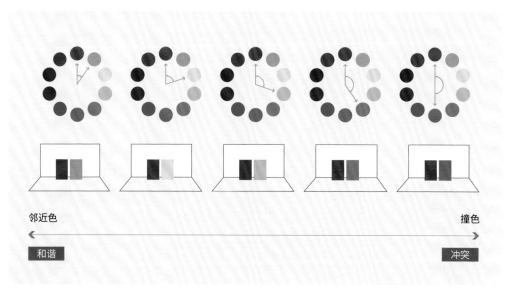

▲以红色为例，红色最喜欢它的邻居橙色，两者搭配在一起很和谐，但是红色和绿色搭配起来就会看彼此不顺眼。面积越大，冲突也会越大

艺术家们喜欢通过不同的色彩搭配来抒发情绪，而我们的家也会一不小心成为情绪的突破口。你是喜欢两两和谐的邻近色，还是彼此冲突矛盾的撞色？下面分别为大家介绍邻近色重复和撞色重复。

》时的感受，隔着画面，夏日傍晚的气息扑面而来。人们只有真正

视觉、嗅觉、听觉所带来的体验从内心向外流淌，通过画面层层展开。

洁白的荷花干净透彻，描述让人放松的夏日氛围，是定格了时空的记忆。

喊》会产生共鸣，透过画面，情绪得以释放。画面用了热烈的橘色和冰

朱着冲突与对立。冷暖对比强烈，线条扭曲，黑色在其中显得格外阴郁

▲ 蓝绿色搭配强化了放松的感受。红绿撞色搭配，映射着内心一团燃烧着的火种。虽是撞色，但
是颜色重复出现，红绿色面积一大一小、一亮一暗，形成对比，有迹可循，整体看起来和谐统一

邻近色重复，丰富统一

相邻色搭配在一起，能强化和叠加彼此带来的感受。比如红色和橘色搭配，会有火焰般炙热的感觉；蓝色和绿色搭配，像海洋一般平静安详；黄色和绿色搭配，给人生机勃勃之感。

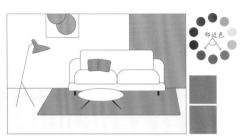 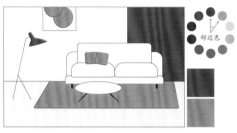

▲两种颜色重复。与单一颜色重复相比，画面显得更加热闹了。如果你喜欢热闹的氛围，那么不妨选择两个邻近色重复

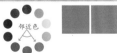

▲左图是蓝、绿两种跳色重复，右图中没有重复的颜色。重复而有规律的色彩搭配能带来秩序感，而杂乱的颜色让房间看起来乱糟糟的

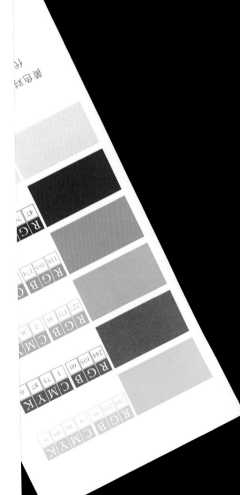

▲装饰画和定制家具的颜色相呼应，装饰画上那一抹小小的深红色也不是孤单存在的，有抱枕与之做伴。软装点缀得恰到好处，每一个颜色都被照顾到了

重复跳色（原木色、褐色4处）　　　　　打底色（中性灰色）

26-42-66-3　　　33-79-68-32　　　0-0-0-0　　　40-33-35-1　　　70-64-56-46
75-145-104　　　175-145-104　　　255-255-255　　157-155-154　　64-64-68

▲ 重复出现的姜黄色和橘红色，加上丝绒质感，为室内带来了柔和华丽的光泽。重复，让这个轻法式空间更显优雅

重复跳色（姜黄色、橘红色）

25-44-80-4　　31-70-100-24
174-139-81　　132-84-43

打底色（白色、原木色）

0-0-0-0　　20-29-43-0
255-255-255　　196-176-148

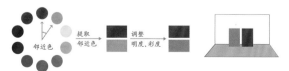

邻近色　提取 邻近色　调整 明度、彩度

▲姜黄色和绿色作为家的主旋律，重复出现，遥相应和，声势颇张

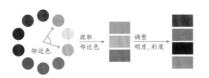

重复跳色（姜黄色、绿色11处）

72-50-90-58
53-63-38

40-29-76-4
155-154-96

27-73-86-17
145-86-57

18-53-100-2
185-130-53

打底色（原木色、白色）

0-0-0-0
255-255-255

14-20-24-0
212-197-184

如果你不喜欢刻板和被束缚，可以锁定一个色谱，在这个色谱内做选择。比如选择橘 - 黄 - 绿色调，展开形成一个色谱，里面有很多颜色。因为这些颜色都是邻近色，丰富且联系紧密，所以效果很出彩。这种配色我们称之为"邻近色色谱重复"。

如果你家的物品很多，类似于"杂货风"*，那么非常适合邻近色色谱重复。这样一来，我们选择的范围会更广、更灵活。相反，适合简约风格的物品较少，很难呈现出这种丰富的效果。

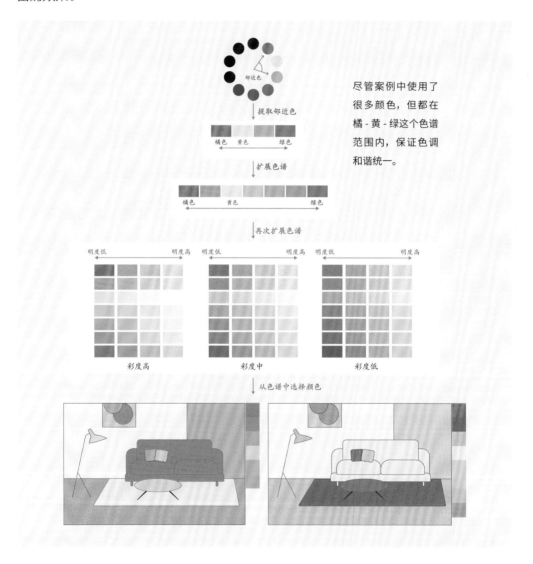

尽管案例中使用了很多颜色，但都在橘 - 黄 - 绿这个色谱范围内，保证色调和谐统一。

---

*杂货风也称"Zakka"（"Zakka"是日语的"zak-ka"，指各种物品），一种源自日本的家居风格。特点在于将日常用品、有创意的新奇摆件堆砌在货架上，用来装饰和美化空间。

▲ 这是一套邻近色重复的案例。乍一看颜色种类繁多，但室内看上去很和谐，因为遵守了重复法则。家里所有物品的颜色都逃不出橘－黄－绿色调，这几种颜色是邻近色。邻近色的重复出现，丰富且能和谐并存。绿色清新自然，与温暖的咖色相叠加，橄榄色的橱柜介于黄绿之间，是柔和的过渡色，整体格调舒适自然

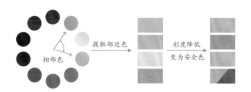

相邻色 → 提取邻近色 → 彩度降低 变为安全色

重复跳色（橘－黄－绿）

34－20－40－0 174－181－158	7－30－69－3 162－156－106	15－25－63－0 209－184－120
20－31－55－0 197－171－128	31－56－85－14 147－109－65	

打底色（白色）

0－0－0－0
255－255－255

撞色重复，彰显高级感的配色

如果你想证明自己特立独行，那么撞色是很好的选择。毕竟平淡的颜色像一件纯白色 T 恤，让人觉得寡淡无味。撞色足够抢眼，像是高频率振动的音符，会让原本平凡的房间变得与众不同，还能带来热烈的气氛。但是撞色搭配不好，容易"翻车"，选用撞色时应注意以下两点：

第一，大空间小面积撞色。我曾买过一件设计师品牌的米白色衣服，肩膀处搭配了少量的绿色和红色。我不喜欢颜色过于醒目的衣服，但红绿撞色的面积很小，不太夸张，反而满足了我对设计感的追求。倘若少了这点红配绿，它就成了一件平淡无奇的衣服。这点撞色搭配也让衣服的价格远高于普通衣服。

在室内装饰中，小面积的撞色点缀会让人感觉别具一格，尤其是在客厅这样的大空间以及我们长时间待的卧室。撞色面积占比小于 8% 时，甚至不需要遵循重复原则（当然，重复效果会更好）。因为面积足够小，所以不会破坏原来的基调。

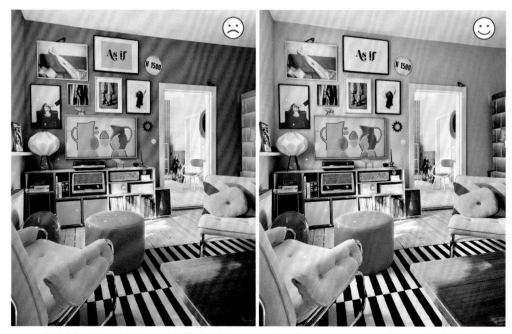

▲左图客厅撞色面积占比为 70%，右图撞色面积占比只有 5%。感受一下大面积、高彩度的撞色所带来的效果，像是在家里演出一场热闹的舞台剧。如果你喜欢穿大面积的红配绿，那么你对颜色的包容度很可能会延伸到家里，估计不会介意这种大面积撞色

▲左图撞色面积占比为 20%，右图撞色的面积占比为 3%。素净的客厅不建议大面积撞色，撞色面积越小越好

第二，小空间大面积撞色。如果你觉得小面积的撞色不够过瘾，那么可以在小空间里尝试大面积撞色，比如门厅、餐厅一角。但两个撞色的面积要确保一大一小，形成对比，即遵循主次法则。撞色面积占比超过 8% 时，应将两个颜色分出主次关系，其中大面积颜色为主导色，小面积颜色为辅助色。

某种味道闻久了，就会闻不到这个气味，因为嗅觉神经中枢会疲劳。颜色也是如此，盯着大面积的红色看久了，我们眼前会出现红色的相反色——绿色。这是德国生理学家艾沃德·黑林（Ewald Herring）于 19 世纪 50 年代提出的互补色处理理论。大面积红色会让我们感知红色的视觉神经细胞劳累，因此在大面积的红色中点缀少量绿色，能给我们带来舒服的视觉体验。

▲如果你想大面积使用某种颜色，那么可以点缀一点撞色。很多大胆的设计师都喜欢这种配色方式，不仅彰显个性，还让我们在视觉上感到舒适

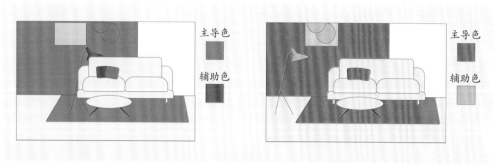

▲上图中，主导色和辅助色的占比大概是 9：1。大面积撞色时，容易引起冲突，但只要认定其中一位是主角，就能化解矛盾，让主角色引领家的色调，另一位做陪衬，带来别具一格的高级感

撞色

重复跳色（主导色）

87—40—40—9
69—117—132

重复跳色（辅助色）

0—52—77—0
223—145—83

打底色

0—0—0—0   44—48—51—10
255—255—255   134—121—113

▲蓝色和橙色面积的比为 10：1，两个颜色和谐共处。柔和的圆弧造型沙发、坐墩、抱枕，这些可爱的装饰物弱化了冲突感

撞色

重复跳色（主导色）　　　重复跳色（辅助色）

100-64-24-6　36-11-31-0　0-81-100-0
43-92-136　173-194-179　210-88-43

打底色

0-0-0-0　69-64-61-56
255-255-255　57-56-57

◀主导色与辅助色的面积占比为 20：1，橘色
与蓝色形成强烈的冷暖对比，极具视觉冲击力

撞色

重复跳色（主导色）

13-99-100-3
177-41-43

重复跳色（辅助色）

36-11-31-0
173-194-179

打底色

0-0-0-0　12-57-84-1
255-255-255　196-129-71

▶这是一间位于瑞典的 57 m² 的小公寓，主导色与
辅助色的面积占比为 10：1。大面积的朱红色家
具鲜艳抢镜，两处淡淡的绿色用来调和朱红色。整
个画面不是一味地放肆，而是比较克制，是充满高
级感的配色

▲地面的亮橙色为打底色，也可以归为跳色，很灵活。我把亮橘色定为跳色，主导色不是单一的某个颜色，而是一个色系——红－橙；辅助色是绿色。这样的撞色十分出彩

主导色		
	辅助色	打底色
占比 45%	占比 5%	占比 50%

重复跳色（主导色）　　　　　　　　　　　　重复跳色（辅助色）　　打底色

0−89−86−0	0−38−73−0	11−43−79−0	31−0−40−0	0−0−0−0
207−69−56	230−169−94	207−153−85	189−217−174	255−255−255

▲ "红-橙-黄"色系为主导色，小面积的蓝色为辅助色。大面积的橘色作为主旋律，引领整个色彩家族，且占据主导地位。蓝色和黑色即便面积很小，也是多次出现，让其看起来并不孤立。灰色的背景中性而冷酷，中和了热烈的橙色，起到了缓冲的作用，使整体达到平衡

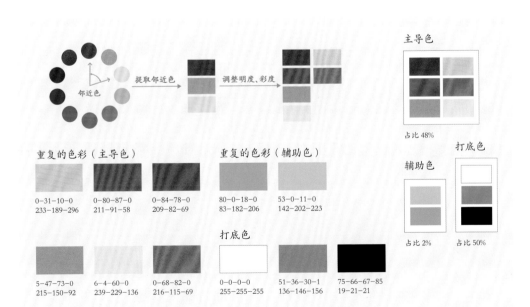

主导色
占比48%

重复的色彩（主导色）

0-31-10-0
233-189-296

0-80-87-0
211-91-58

0-84-78-0
209-82-69

重复的色彩（辅助色）

80-0-18-0
83-182-206

53-0-11-0
142-202-223

打底色

辅助色
占比2%

打底色
占比50%

5-47-73-0
215-150-92

6-4-60-0
239-229-136

0-68-82-0
216-115-69

0-0-0-0
255-255-255

51-36-30-1
136-146-156

75-66-67-85
19-21-21

邻近色　提取邻近色　调整明度、彩度

找回审美自信

我身边有一些人对色彩的感觉很灵敏，他们不需要过多理性分析和思考，就能搭配出漂亮的颜色。他们有一个共同的特点——自信，相信自己装扮的空间是最漂亮的。他们不用刻意找一些理论知识和规律，这些规律会自己找上门，走到一个个的作品中。

大多数人都对设计自己的房子表现得不太自信，容易畏手畏脚，会说："我不会设计""我太纠结了，不要让我做决定""必须要交给专业的设计师才行"……最后，家装扮得漂不漂亮需要别人来评判，审美也丢失了。其实，我们每个人都有与生俱来的色彩搭配能力，是自己家最好的设计师。

所以我们可以反过来，先了解颜色背后的规律，透过这些规律，找回原本就有的选择颜色的能力，找回审美自信。在这些规律的基础上发挥，不用有任何担忧，大胆选择自己喜欢的颜色，装扮自己家就会变得轻松自在。

这个规律很简单——跳色重复。如果你足够自信，甚至可以越过理性思考的过程，完全凭着内心的感觉来。相信这个世界本来就是无比包容的，颜色也是如此。

本书中的图片只是想单纯带我们感受不同色彩搭配的效果，审美本就抽象，美丑不在外表，只存于每个人的心中。所以不要吝啬对自己家的赞美和肯定，不妨像夸赞孩子一样，对自己的房间说："你是独一无二的、最漂亮的、最适合我的房间，谢谢你！"从吸引力法则来看，房间会因你的赞美和肯定变得越来越温馨舒适，我们也会因此受到滋养。

4.2

遵守这四个约定，轻松玩转彩色

　　我们驾驶着"彩色"这辆汽车行驶在路上，大多数人以 60 km/h 的车速稳稳前行。小部分人像是率性而为的少年，踩满油门、肆无忌惮地全速前进，而速度太快，就容易失控。如果你喜欢冒险"开快车"，当然没有问题，但只有遵守一些约定，才能安全抵达目的地。

▍约定一：遵循重复法则

　　选定颜色之后，无论跳色、单一颜色还是多种颜色，都尽可能让颜色重复出现，重复得越多，越能产生美与和谐的力量。

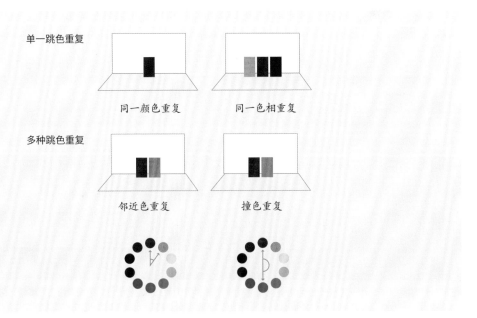

▲ 单一跳色重复和多种跳色重复

▍约定二：打底色忌彩度高、明度对比强

打底色的两个禁忌是彩度太高和明度对比太强，因为跳色才是室内的主角。打底色包含三类颜色：白色、灰色和咖色。最好选择明度比较高的灰色，而咖色建议选明度高、彩度低的。

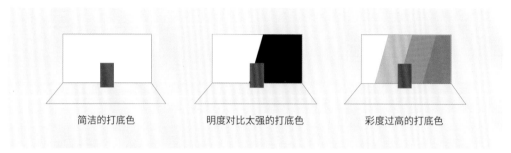

| 简洁的打底色 | 明度对比太强的打底色 | 彩度过高的打底色 |

▲若打底色过于醒目，则会抢走跳色的主角地位，让房间变得杂乱。注意：少量的黑色并不会太抢镜，但其面积太大的话，就会和白色形成鲜明对比，变得突出。因此黑色可以有，但要克制

▍约定三：跳色忌种类多、面积大

如今，多巴胺配色广受喜爱，但是很多人用色时犯了严重的禁忌——种类多、面积大。这样一来，配色不够高级，还会给人凌乱的感觉。

鲜艳色种类多、面积大，容易使家变成"灾难现场"。无论你平时收拾得多么整洁，都无法弥补杂乱无章的颜色带来的凌乱感。选择颜色的时候，我们虽可以率性而为，但也要学会克制。

▲彩色种类多、面积大，没有遵循重复法则，即便再整洁的房间也会让人感到混乱，还总感觉收拾不干净

▲毫无规律的色彩搭配，室内看起来比较混乱。视觉上的混乱也会让内心感到躁动与不安，加之房间的物品过多，会让人感到无所适从

约定四：8% 是跳色的分水岭

建议搭配小面积跳色，因为大面积跳色容易使房间的效果"失控"。面积占比 8% 是跳色的分水岭。在不破坏打底色基调的前提下，面积占比 8% 以下的跳色我们可以在一定范围内随意发挥，甚至不用遵循重复法则。将面积占比 8% 以上的冒险色作为跳色时，就要按规矩来，即遵循跳色重复法则以及撞色的主次法则。

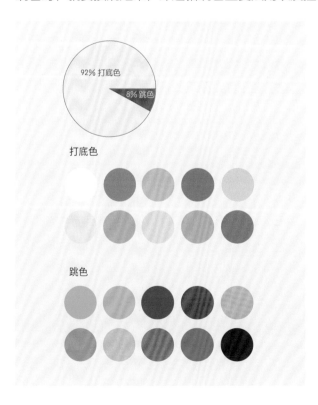

人们都很享受收拾完房间后那种清爽干净的感觉，因为那一刻心也跟着清静了。外在环境的秩序能给我们内心带来稳定踏实的感觉，颜色也是如此。当颜色散乱的时候，无法凝聚气场，头脑也会跟着胡思乱想，导致心神不宁。整洁有序的色彩搭配，赋予我们轻盈且上升的能量，人们也很享受待在这样的空间里。遵守以上四个约定，必能玩转色彩搭配。

专栏｜选配饰不纠结

我们来试验一下，利用"重复法则"搭配一间卧室。将白色作为打底色，绿色和咖色为跳色，重复出现。将色相相同，明度、彩度不同的绿色和咖色作为跳色。

两种颜色重复

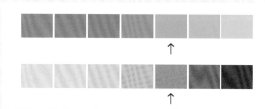

▲选择偏黄一些的绿色和偏红一些的橘黄色，属于邻近色色谱重复

墙面	木地板	墙面和天花板
22-5-24-0 204-217-198	8-26-40-0 221-190-155	0-0-0-0 255-255-255

◀地面是明亮的咖色木地板，卧室床头背景墙是浅绿色，其余的都是白色。接下来的软装也逃不出绿、咖这两大色系阵营

床头柜　　床　　　　　　　　　　　　　窗帘

25-38-60-1 182-154-115

58-23-61-3 128-155-123

▲床和地板是同一个颜色家族的成员，窗帘为绿色阵营增加了不少势力范围，窗帘的绿色比墙面的颜色略深，两种绿色是同一色相，深浅搭配，统一之中饱含层次

▲室内配色有两大阵营：以窗帘、墙面为主导的绿色阵营，以及以木地板和床为主导的咖色阵营。两大色系统治着整个家，接下来的任何物品都必须是它们的家族成员，绝不允许外族颜色入侵

床品

抱枕

42-13-42-0　　9-13-18-0　　13-12-17-0
163-187-161　224-214-202　217-213-204

地毯
61-20-66-2
125-158-119

16-20-23-0
208-196-187

装饰画
44-28-64-3
149-155-115

4-13-15-0
235-219-208

装饰画
23-41-51-1
183-151-126

吊灯
3-7-8-0
242-233-225

茶杯
36-4-38-0
179-206-174

台灯
13-21-31-0
213-195-172

▲ 大到床品、地毯,小到茶杯、装饰画,无一例外,都是咖色和绿色的家族成员。一幅装饰画是比较特殊的橄榄色,相当于叠加了绿色和黄色,也能很好地和大家融合在一起

这间生机盎然的绿色、咖色主题卧室就搭配好了。只要遵循重复法则，所有的物品就都会自然、毫不费力地融合进来。颜色像是房间的指挥官，它能让所有物品和谐相处。

重复彩色（绿色、咖色）   打底色（白色）

58-23-61-3	36-4-38-0	19-7-23-0	25-38-60-1	13-21-31-0	9-13-18-0		0-0-0-0
128-155-123	179-206-174	209-216-197	182-154-115	213-195-172	224-214-202		255-255-255

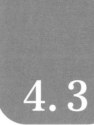

4.3

让人心生欢喜的色彩搭配

▎避免"脏脏色"

彩度低、明度低的颜色看起来灰突突的，我称其为"脏脏色"。当我们郁郁寡欢的时候，会描述自己心灰意冷、灰心丧气。家有丧事时，人们会不约而同地穿上黑色的衣服。有喜事的时候，人们习惯穿上鲜艳明快的衣服，并涂抹口红。颜色随心情变化，并与不同的场合相感应。

当人的心胸完全打开时，就会愿意迎接鲜艳的色彩。如果情绪比较郁结，则会情不自禁地选择灰暗的颜色。我们可以敞开心胸，去接纳明快鲜亮的颜色，比如多巴胺配色，获得好心情。

▲ 用"脏脏色"装扮的房间，给人消沉的感受

▲ 避免将大面积低彩度的颜色堆积在一起，否则会让室内看起来暗淡无光，物品也显得脏兮兮的

▲色调彩度比较高的时候，会让房间看起来清爽干净

八九分彩度，刚刚好的颜色

特别鲜艳的颜色在大自然中也很少见，相比之下，八九分彩度的欢喜色会显得更高级。相较"脏脏色"，人们觉得莫兰迪色系会更耐人寻味。低彩度的"脏脏色"柔和，好搭配，但容易让人感觉消沉；鲜艳色明快靓丽，能让人分泌多巴胺，但又过于嚣张，容易带来冲突。我们应持辩证的态度来看待颜色，只有这样才能利用好颜色。

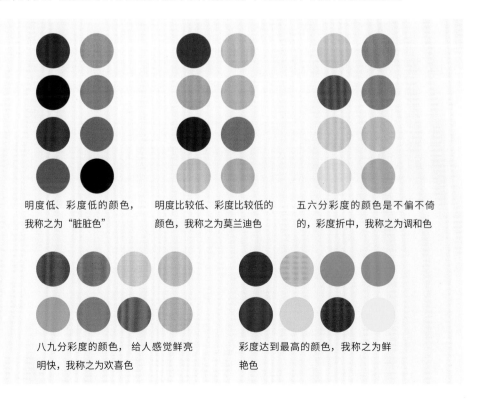

明度低、彩度低的颜色，我称之为"脏脏色"

明度比较低、彩度比较低的颜色，我称之为莫兰迪色

五六分彩度的颜色是不偏不倚的，彩度折中，我称之为调和色

八九分彩度的颜色，给人感觉鲜亮明快，我称之为欢喜色

彩度达到最高的颜色，我称之为鲜艳色

我个人比较喜欢调和色，调和色代表着中庸的处事态度，但是我更推荐欢喜色，因为欢喜色是快乐的能量源泉。高彩度和低彩度的房间会带给我们截然不同的感受。不同性格的人会选择不同的颜色来装饰自己的家。

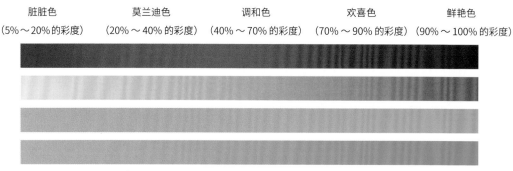

脏脏色	莫兰迪色	调和色	欢喜色	鲜艳色
（5%～20%的彩度）	（20%～40%的彩度）	（40%～70%的彩度）	（70%～90%的彩度）	（90%～100%的彩度）

▲推荐八九分彩度的欢喜色

潘通（PANTONE）是全球色彩权威研究机构，每年都会挑选一两款颜色来代表时代精神，这个颜色接下来会被应用到各行各业中，成为年度流行色。在这些年度流行色中，一半以上都是八九分彩度的欢喜色，非常明亮，我把这些颜色推荐给大家。

▲这是我从近24年潘通年度色里面提取的20款颜色。不难发现流行色也是几年一个轮回，选择你喜欢的色彩，说不定刚装修完就会成为年度色彩，即使我们没有追上流行趋势的班车，也可以等到

在日常生活中，每次看到鲜亮的欢喜色，我们心里都会升起快乐甜蜜、幸福的感觉。但欢喜色依然是危险色，大面积使用会带来强烈的刺激感，它像是生活中偶尔点缀的小甜品，不能太多，否则会腻。

下图是德国某牙科医生的家。透过鲜亮的颜色，我们能感受到主人像是一个开心快乐的孩子，满心欢喜地用美丽的粉色来装扮卧室，同时也在点亮自己的心情。

▲有个别颜色的彩度达到了十分，并且重复出现，把粉色给人甜美可人的感觉发挥得淋漓尽致。打底色是大面积的浅咖色，作为安静的背景，映衬着活泼的粉色，两种颜色结合，相互包容，没有丝毫的违和感。如果你很快乐，那么自然会选择鲜艳明亮的颜色来装扮家，家接收到快乐的信号，也会发射快乐的信号给你。如果你不那么快乐，那就用欢喜色来改变家的磁场，从而转化自己的心情吧！家的装扮既是内心的反映，也能影响我们的心情

彩色点缀

0−79−38−0
211−94−116

0−96−80−0
205−48−62

23−100−100−19
140−35−38

打底色

0−0−0−0
255−255−255

14−20−24−0
212−197−184

▲这是一位家居博主的家，她很善用色彩的能量，用鲜花、装饰画中的欢快颜色点缀自己的家。家里色彩斑斓，映射着屋主美丽的心情。在干净的打底色上装点小面积的鲜艳色，彼此相互映衬，使整体得到升华

彩色点缀

6-100-77-1
191-35-65

69-22-31-0
109-157-168

3-73-65-0
207-106-91

12-58-38-0
198-130-131

打底色

0-0-0-0
255-255-255

9-43-68-0
210-155-101

36-42-70-9
150-132-94

▍放下制约，释放天性

我们大概没有意识到，在选择颜色时会受到很多制约。看到喜欢的颜色，决定领回家的那一刻，理性的头脑中总是冒出各种声音："这个颜色很快就会过时""这么浅的颜色不好打理""这么夸张的色彩会引来朋友诧异的眼光"……这些声音遮住了我们内心中对这种颜色的喜爱，于是我们变得踌躇不前。

　　小孩子在装扮自己的家时不会有任何顾忌，会把自己的房间装成粉色主题的梦幻公主房，或者暗黑系列的怪兽小黑屋，他们只是觉得有趣。我女儿四五岁时，会穿夸张的公主裙，披着长长的披肩出门，她在自己的世界里很快活，才不会想那么多。这种放肆的喜欢在成年人身上很少见到。

　　在国外的室内设计中，我经常能看到鲜艳大胆的配色，这种颜色给人感觉设计师的心是敞开的。但这种大胆的配色在国内家居设计中很少见，我想这多半与我们克制的个性有关。虽然我非常喜爱极简风格，但每当看到别人家装饰得鲜艳多彩，都会情不自禁地心生喜悦、羡慕之情。

　　如果你强烈喜爱某个颜色（色系），就放心大胆地去选择。选择颜色这件事，并不是要做出多么正确的决定，相反，我们从心里流露出来的欢喜之情，必然会通过颜色传递出来。颜色是一座桥梁——连接心灵家园与我们现实的居所。

　　你有多喜欢一个颜色，就会多频繁使用这个颜色，同样颜色也会带给我们多大的力量。如果你热爱绿色，那么你家可能是绿野仙踪、热带雨林，或者是摩登复古，气氛浓烈。绿色也会回报你，你待在里面会情不自禁地感到满足和喜悦。

　　颜色能帮助我们找回赤子之心。

　　生活本就不是一板一眼的，可以随心所欲一些。在装扮家这件事上，不必畏手畏脚，心态放松的人会像小朋友一样选择欢快的颜色。当我们感到自由、快乐时，房间自然也会随之变得多彩而令人欢喜。

4.4

让家变漂亮的色卡推荐

▎不张扬、也不消沉的常见家居色

以下 10 种颜色是色相环上的基准色，亮度提高、彩度降低之后，得到了与之对应的家居色。提高亮度，相当于糅合进了白色；而降低彩度，相当于加入了黑色。颜色本身的气势削弱了，自然不会带来太强烈的冲突感。

这些颜色看起来很舒服，既不嚣张，也不消沉，可以用在彩色墙、地毯等面积比较大的区域。

颜色仅供参考，不用完全照搬，多半还要以自己内心的真实感受为准。这里只是提供一些"路标"，帮助你探索内心的颜色。

鲜艳色 —变浊→ 一阶亮度 —变亮→ 二阶亮度 —变亮→ 三阶亮度 —变亮→ 四阶亮度

17-59-49-1 粉红色 186-125-117	10-43-29-0 芭比粉 206-156-157	6-27-17-0 胭脂粉 223-191-190	2-13-8-0 少女粉 238-221-219
14-50-64-1 珊瑚橘 195-140-104	8-38-47-0 日落橘红 214-167-135	5-24-28-0 杏橘色 226-195-176	2-14-17-0 肉粉色 239-219-203
24-24-57-0 大地黄 191-179-130	17-18-44-0 藕荷色 209-197-155	10-12-37-0 鹅黄色 224-213-170	7-8-20-0 奶油色 233-226-204
50-31-78-8 橄榄绿 135-142-91	38-20-63-0 豆绿色 168-175-123	26-13-44-0 抹茶绿 194-198-157	18-8-36-0 青柠色 211-214-174
63-27-70-7 竹绿色 116-142-105	44-20-48-0 青葱色 155-173-146	30-12-33-0 尤加利绿 185-198-176	18-5-22-0 水草绿 211-221-202
69-33-54-9 蓝绿色 101-130-119	54-25-41-1 云杉绿 136-160-150	36-16-25-0 粉绿色 172-188-184	20-8-16-0 烟灰绿 206-215-209
73-39-47-11 孔雀蓝 92-121-123	56-25-36-1 湖蓝色 133-159-158	41-17-24-0 月光蓝 161-183-185	25-10-16-0 远山蓝 193-206-206
67-44-36-6 藏青色 103-122-137	57-30-28-1 海洋蓝 129 152-164	41-20-20-0 午夜蓝 161-178-188	27-13-13-0 雾霾蓝 188-200-208
57-54-22-2 水晶紫 121-117-150	42-42-16-0 青莲色 151-144-172	31-29-12-0 丁香紫 173-170-191	19-16-7-0 香芋色 201-201-215
33-68-45-8 石榴红 148-100-110	23-52-26-0 玫红色 181-136-151	13-35-15-0 冷艳红 204-170-182	6-18-7-0 浅桃红 226-208-214

注：本页颜色稍微鲜艳一些，下页颜色稍微灰暗一些。

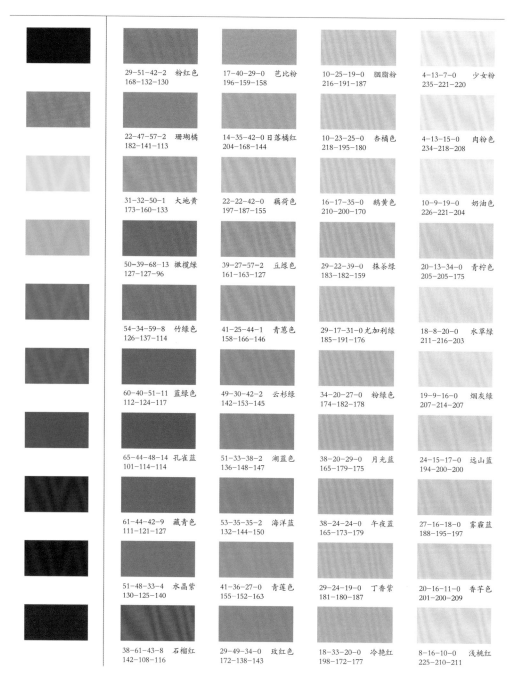

29-51-42-2　粉红色
168-132-130

17-40-29-0　芭比粉
196-159-158

10-25-19-0　胭脂粉
216-191-187

4-13-7-0　少女粉
235-221-220

22-47-57-2　珊瑚橘
182-141-113

14-35-42-0　日落橘红
204-168-144

10-23-25-0　杏橘色
218-195-180

4-13-15-0　肉粉色
234-218-208

31-32-50-1　大地黄
173-160-133

22-22-42-0　藕荷色
197-187-155

16-17-35-0　鹅黄色
210-200-170

10-9-19-0　奶油色
226-221-204

50-39-68-13　橄榄绿
127-127-96

39-27-57-2　豆绿色
161-163-127

29-22-39-0　抹茶绿
183-182-159

20-13-34-0　青柠色
205-205-175

54-34-59-8　竹绿色
126-137-114

41-25-44-1　青葱色
158-166-146

29-17-31-0　尤加利绿
185-191-176

18-8-20-0　水草绿
211-216-203

60-40-51-11　蓝绿色
112-124-117

49-30-42-2　云杉绿
142-153-145

34-20-27-0　粉绿色
174-182-178

19-9-16-0　烟灰绿
207-214-207

65-44-48-14　孔雀蓝
101-114-114

51-33-38-2　湖蓝色
136-148-147

38-20-29-0　月光蓝
165-179-175

24-15-17-0　远山蓝
194-200-200

61-44-42-9　藏青色
111-121-127

53-35-35-2　海洋蓝
132-144-150

38-24-24-0　午夜蓝
165-173-179

27-16-18-0　雾霾蓝
188-195-197

51-48-33-4　水晶紫
130-125-140

41-36-27-0　青莲色
155-152-163

29-24-19-0　丁香紫
181-180-187

20-16-11-0　香芋色
201-200-209

38-61-43-8　石榴红
142-108-116

29-49-34-0　玫红色
172-138-143

18-33-20-0　冷艳红
198-172-177

8-16-10-0　浅桃红
225-210-211

6 组漂亮的家居色彩

我从小就对颜色极其敏感，搭配出漂亮的颜色是我的一大爱好。在艺术院校读书时，水彩画、色彩构成等与色彩有关的创作，都是我热爱的课程，丰富又漂亮的颜色会给我带来快乐。如今，给曼陀罗涂色是我的一大爱好。

下面介绍一些我感觉比较舒服、漂亮的颜色。色调以暖色为主，暖色调的房间会给人舒适的感受。家居颜色大多源于大自然，大自然的颜色给人以放松和愉悦的心情，直达内心，是灵感色。

近似白色

这是一组可以全屋大面积涂刷的近似白色。大部分业主会选择纯白色墙面，但带一点色彩倾向的近似白色也很低调，而且不会让房间显得过于单调和空洞。

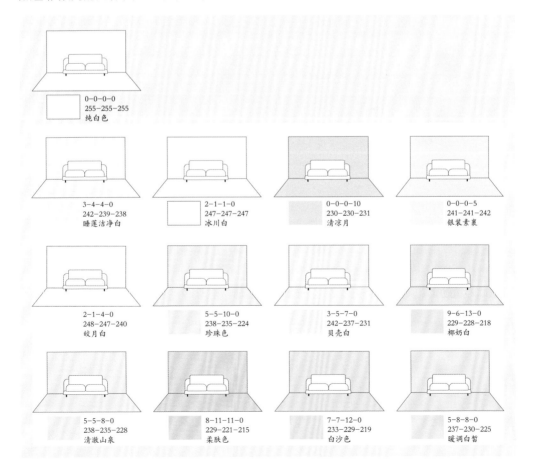

| 0-0-0-0 | 255-255-255 | 纯白色 |

3-4-4-0	242-239-238	睡莲洁净白
2-1-1-0	247-247-247	冰川白
0-0-0-10	230-230-231	清凉月
0-0-0-5	241-241-242	银装素裹

2-1-4-0	248-247-240	皎月白
5-5-10-0	238-235-224	珍珠色
3-5-7-0	242-237-231	贝壳白
9-6-13-0	229-228-218	椰奶白

5-5-8-0	238-235-228	清澈山泉
8-11-11-0	229-221-215	柔肤色
7-7-12-0	233-229-219	白沙色
5-8-8-0	237-230-225	暖调白皙

氛围色

这组颜色分为米色系、奶油色系和中性灰色系，可以用在彩色墙、定制家具等面积比较大的物体上。这些颜色很安全，能烘托出氛围感，是人见人爱的颜色。

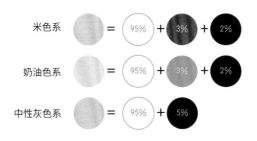

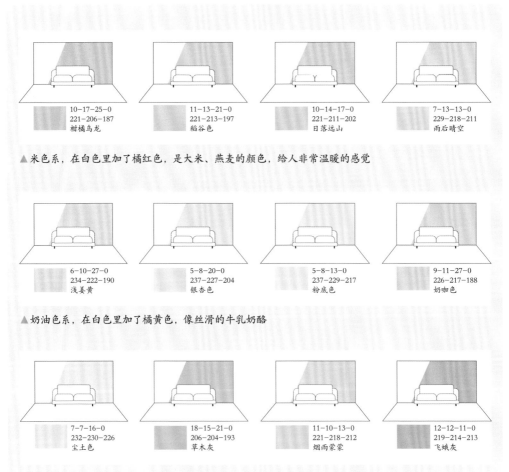

10-17-25-0 221-206-187 柑橘乌龙	11-13-21-0 221-213-197 稻谷色	10-14-17-0 221-211-202 日落远山	7-13-13-0 229-218-211 雨后晴空

▲米色系，在白色里加了橘红色，是大米、燕麦的颜色，给人非常温暖的感觉

6-10-27-0 234-222-190 浅姜黄	5-8-20-0 237-227-204 银杏色	5-8-13-0 237-229-217 粉底色	9-11-27-0 226-217-188 奶咖色

▲奶油色系，在白色里加了橘黄色，像丝滑的牛乳奶酪

7-7-16-0 232-230-226 尘土色	18-15-21-0 206-204-193 草木灰	11-10-13-0 221-218-212 烟雨蒙蒙	12-12-11-0 219-214-213 飞蛾灰

▲中性灰色系，在白色里加了灰色，是中性的、冷酷的，可能带一点点彩色倾向

调和色

这组颜色适合用在一面彩色墙、窗帘、沙发、地毯等面积适中的物品上，是比较温柔的色彩，属于调和色，不会特别抢眼。注意：个别颜色稍显浓郁，使用面积不宜过大。

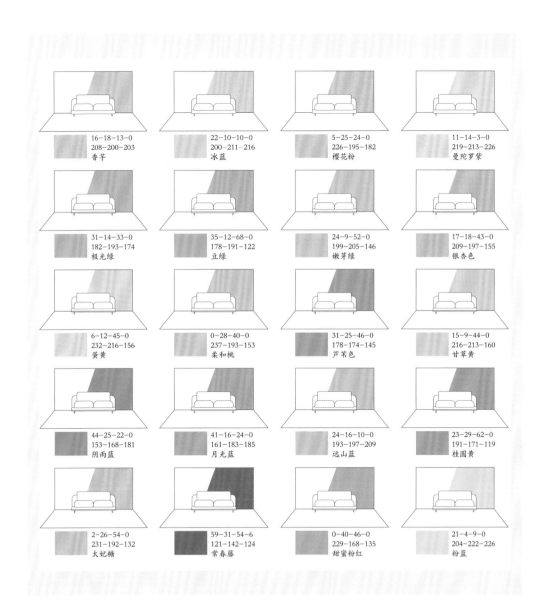

16-18-13-0
208-200-203
香芋

22-10-10-0
200-211-216
冰蓝

5-25-24-0
226-195-182
樱花粉

11-14-3-0
219-213-226
曼陀罗紫

31-14-33-0
182-193-174
极光绿

35-12-68-0
178-191-122
豆绿

24-9-52-0
199-205-146
嫩芽绿

17-18-43-0
209-197-155
银杏色

6-12-45-0
232-216-156
蛋黄

0-28-40-0
237-193-153
柔和桃

31-25-46-0
178-174-145
芦苇色

15-9-44-0
216-213-160
甘草黄

44-25-22-0
153-168-181
阴雨蓝

41-16-24-0
161-183-185
月光蓝

24-16-10-0
193-197-209
远山蓝

23-29-62-0
191-171-119
桂圆黄

2-26-54-0
231-192-132
太妃糖

59-31-54-6
121-142-124
常春藤

0-40-46-0
229-168-135
甜蜜粉红

21-4-9-0
204-222-226
粉蓝

欢喜色

这组颜色适合用在小面积的装饰画、抱枕等饰品上。欢喜色很有个性，有的温柔热情，有的冷若冰霜，性格鲜明，看你想选择哪一位陪伴你。如果欢喜色在家里重复出现，则会加强它所带来的情绪感染力。只要喜欢，就请来得更猛烈一些，让它们在干净的打底色上尽情发挥自己吧！

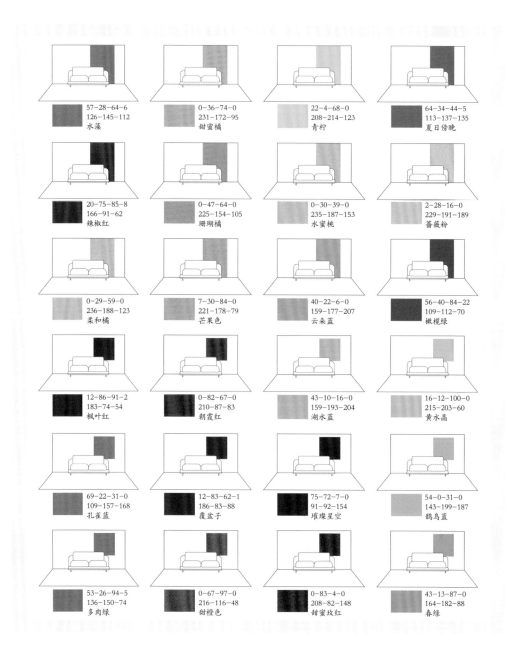

57-28-64-6
126-145-112
水藻

0-36-74-0
231-172-95
甜蜜橘

22-4-68-0
208-214-123
青柠

64-34-44-5
113-137-135
夏日傍晚

20-75-85-8
166-91-62
辣椒红

0-47-64-0
225-154-105
珊瑚橘

0-30-39-0
235-187-153
水蜜桃

2-28-16-0
229-191-189
蔷薇粉

0-29-59-0
236-188-123
柔和橘

7-30-84-0
221-178-79
芒果色

40-22-6-0
159-177-207
云朵蓝

56-40-84-22
109-112-70
橄榄绿

12-86-91-2
183-74-54
枫叶红

0-82-67-0
210-87-83
朝霞红

43-10-16-0
159-193-204
湖水蓝

16-12-100-0
215-203-60
黄水晶

69-22-31-0
109-157-168
孔雀蓝

12-83-62-1
186-83-88
覆盆子

75-72-7-0
91-92-154
璀璨星空

54-0-31-0
143-199-187
鹊鸟蓝

53-26-94-5
136-150-74
多肉绿

0-67-97-0
216-116-48
甜橙色

0-83-4-0
208-82-148
甜蜜玫红

43-13-87-0
164-182-88
春绿

原木色系

原木色种类很多，木地板、实木家具等都是原木色系。我比较喜欢优雅的鸵鸟色，厚重沉稳，彩度低，好搭配。我也喜欢浅一些的肌肤色，它让房间显得很干净。我知道自己家不太适合轻飘飘的色彩，坚信鸵鸟色带给我的踏实稳重的感觉是其他颜色无法替代的。

可以测试一下自己的直觉：闭上眼睛，做几次缓慢深长的呼吸，然后把头脑放空，想象自己家的模样，看脑海里浮现出什么颜色的房间，什么颜色的地面。这样我们再去采购的时候，就能心中有数。

高彩度色系

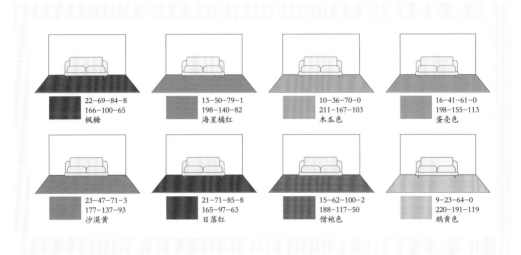

22-69-84-8
166-100-65
枫糖

13-50-79-1
198-140-82
海星橘红

10-36-70-0
211-167-103
木瓜色

16-41-61-0
198-155-113
蛋壳色

23-47-71-3
177-137-93
沙漠黄

21-71-85-8
165-97-63
日落红

15-62-100-2
188-117-50
僧袍色

9-23-64-0
220-191-119
鹅黄色

稳重深色系

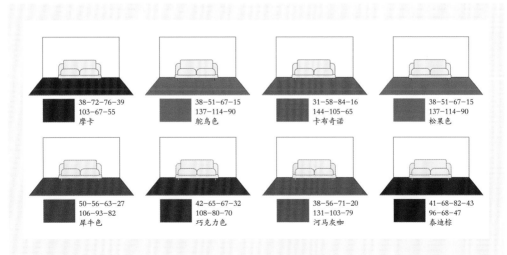

38-72-76-39
103-67-55
摩卡

38-51-67-15
137-114-90
鸵鸟色

31-58-84-16
144-105-65
卡布奇诺

38-51-67-15
137-114-90
松果色

50-56-63-27
106-93-82
犀牛色

42-65-67-32
108-80-70
巧克力色

38-56-71-20
131-103-79
河马灰咖

41-68-82-43
96-68-47
泰迪棕

雅致柔和色系

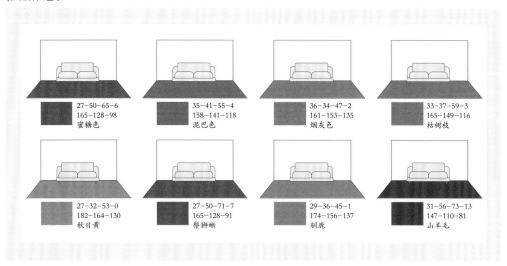

27-50-65-6
165-128-98
蜜糖色

35-41-55-4
158-141-118
泥巴色

36-34-47-2
161-153-135
烟灰色

33-37-59-3
165-149-116
枯树枝

27-32-53-0
182-164-130
秋日黄

27-50-71-7
165-128-91
鬃狮蜥

29-36-45-1
174-156-137
驯鹿

31-56-73-13
147-110-81
山羊毛

轻盈明快色系

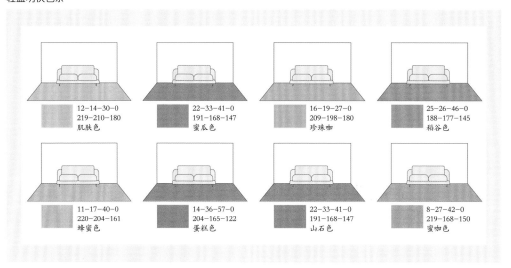

12-14-30-0
219-210-180
肌肤色

22-33-41-0
191-168-147
蜜瓜色

16-19-27-0
209-198-180
珍珠咖

25-26-46-0
188-177-145
稻谷色

11-17-40-0
220-204-161
蜂蜜色

14-36-57-0
204-165-122
蛋糕色

22-33-41-0
191-168-147
山石色

8-27-42-0
219-168-150
蜜咖色

搭配色

两种或三种彩色搭配无疑是充满挑战的，但是我们愿意开启冒险旅程。没有波澜的生活太无趣，没有鲜艳色彩的房间太寡淡。我们可以像天真无邪的孩子一样，甩掉包袱，把家装扮得充满趣味和个性。

18-35-82-0
198-163-84

26-2-12-0
195-220-221

"燕麦黄＋湖畔蓝"，两个颜色搭配在一起让人联想到蓝天白云、风吹麦浪的画面，传递出田园浪漫的气息

36-6-18-0
175-204-206

3-45-37-0
219-157-143

"天蓝色＋柔粉色"，放松的蓝色搭配甜蜜的粉色，像吃到了一颗糖果，让人心情愉快

100-85-30-19
43-61-105

24-21-42-0
193-187-156

"深海蓝＋蛾灰色"，让人联想到夜晚海浪拍打海滩的细沙，给人深沉、冷静、睿智、旷远的感觉

64-22-49-2
118-155-140

22-16-64-0
201-195-124

"葱郁色＋秋叶黄"，黄绿色系降低彩度之后，像深秋的果实一般，饱满成熟

63-24-62-4
119-150-119

4-20-15-0
232-207-200

"竹青色＋烟粉色"，粉绿本是撞色，调整明度之后，变得柔和起来，这属于追求绮丽人生的年轻人的配色

61-43-55-16
105-114-106

18-7-67-0
213-213-122

"灰松绿＋明黄色"，灰松绿色给人稳重的感觉，明黄色让人感到积极向上

25-70-84-13
153-93-63

9-13-34-0
226-213-175

"茶色＋杏仁色"，甜美的茶色搭配杏仁色，用在室内装饰中，给人奶茶一般甜蜜丝滑的感觉

39-69-72-35
107-74-62

8-28-82-0
221-182-84

"胡桃木色＋阳光黄"，胡桃木色承接灿烂的阳光黄，搭配充足的光线，很难不让人感到快乐，心结也会随之打开

56-34-35-2
129-145-152

22-3-29-0
205-216-197

"阴雨蓝＋水绿色"，两者都是让人感到放松的颜色，搭配在一起，强化放松的感受，让人感觉仿佛坠入了茫茫沧海

0-76-48-0
217-125-115

0-32-38-0
234-184-152

4-7-13-0
239-232-218

杏子木兰花，粉白相间的木兰花，给人春日少女般的感觉，这种浪漫甜蜜的氛围很适合卧室

50-13-30-0
147-181-179

34-16-14-0
174-190-202

13-6-17-0
220-224-211

月光温柔蓝，像夜晚温柔的月亮，安静中带着一丝冷清，映射着明镜一般的心境

33-80-76-33
115-63-56

9-63-70-0
199-120-89

3-12-19-0
237-221-202

柚子茶色调，热情、稳重的柚子茶色调，象征着有内涵、独立自由的女性

11-26-38-0
215-187-157

17-17-23-0
207-200-188

2-6-10-0
239-232-218

奶油丝滑，淡雅的颜色，过渡柔和，给人软绵绵的感觉，好像陷入了棉花里

39-42-51-5
150-137-122

21-16-64-0
202-196-125

9-3-15-0
231-233-218

姜黄咖啡，这组中性色调给人率直、真诚的感觉，既不太热情，也不会过于冷清，反映出理性与积极的心态

62-42-85-28
94-103-64

59-19-77-2
120-160-103

14-14-32-0
215-207-176

绿野仙踪，层次丰富的绿像森林一般，置身其中，像被树林、鸟叫、虫鸣环绕，呼吸都会变得缓慢而深长

5

用颜色营造
氛围感

5.1

同一色相，明暗起伏

色相同频，和谐共振

选定基调色之后，其他配色应遵循色相一致原则，这样房间看起来整体更和谐。但实际操作起来会有些困难，比如，确定了绿色主题，选购材料时发现瓷砖是蓝绿色，墙漆是黄绿色，沙发是中绿色，最终呈现出各种绿。或许你是一名色彩强迫症，认准一个颜色，就会贯彻到底。星巴克的绿、可口可乐的红、腾讯的蓝，都是潘通定制色，没有丝毫色差，严谨的态度让家像精雕细琢的大师作品一样完美。

当然，你也可以随性而为，用"五颜六色的绿"来装扮家，毕竟物品可选择的颜色有限，很难保证完全一致。在选择颜色这件事上，不必太苛责，有点色差很正常，作为邻近色，相互之间存在包容性与接纳性。但是从营造氛围感的角度来看，色相越一致，氛围感越强。

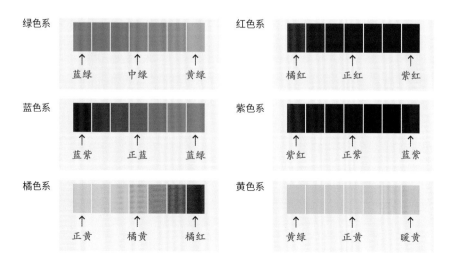

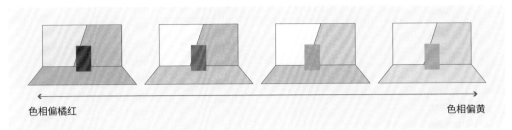

色相偏橘红　　　　　　　　　　　　　　　　　　　色相偏黄

▲鲜艳的跳色和房间打底色色相一致时，能更好地融入其中

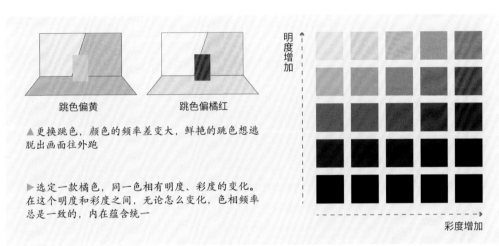

跳色偏黄　　　　　跳色偏橘红

▲更换跳色，颜色的频率差变大，鲜艳的跳色想逃脱出画面往外跑

▶选定一款橘色，同一色相有明度、彩度的变化。在这个明度和彩度之间，无论怎么变化，色相频率总是一致的，内在蕴含统一

明度增加

彩度增加

有些物品的颜色比较丰富，比如定制家具、墙漆、布艺等，如果将其作为房间的基调色，虽能确保色相一致，但是不少物品的颜色选择受限，比如可移动家具、小摆件等，通常只有两三种颜色。建议把这些物品的颜色定为灰色、白色，这样就不用担心颜色会跳出画面了。

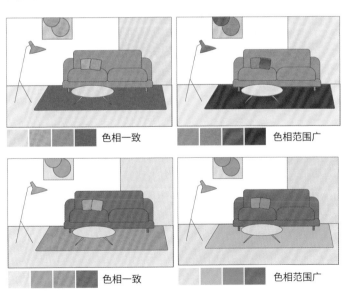

色相一致

色相范围广

色相一致

色相范围广

11-75-99-1
191-96-48

20-75-89-8
166-91-58

4-11-19-0
237-222-202

32-83-100-38
107-55-32

64-63-67-62
56-52-48

12-34-74-0
209-169-98

26-45-74-4
172-137-90

37-59-95-26
124-94-49

46-62-100-45
89-70-34

40-37-51-4
153-145-126

▲以上两个案例，一个偏橘红色调，一个偏橘黄色调，各自色相统一，频率接近，使房间产生凝聚的气场

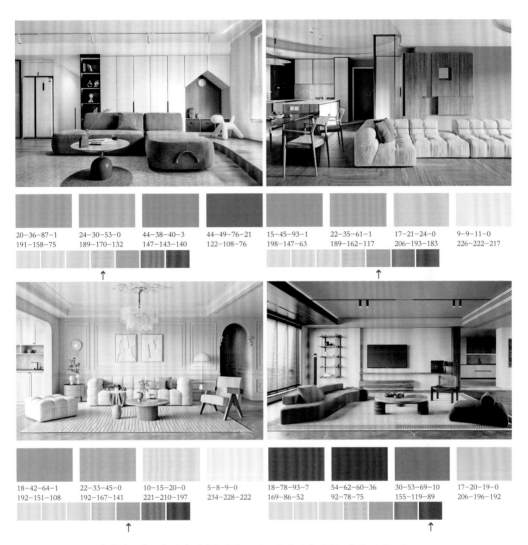

20-36-87-1	24-30-53-0	44-38-40-3	44-49-76-21	15-45-93-1	22-35-61-1	17-21-24-0	9-9-11-0
191-158-75	189-170-132	147-143-140	122-108-76	198-147-63	189-162-117	206-193-183	226-222-217

18-42-64-1	22-33-45-0	10-15-20-0	5-8-9-0	18-78-93-7	54-62-60-36	30-53-69-10	17-20-19-0
192-151-108	192-167-141	221-210-197	234-228-222	169-86-52	92-78-75	155-119-89	206-196-192

▲以上四个案例，各自的跳色和打底色的色相完全一致，室内所有的物品都能融为一体

在选原木色家具时，我们可能不太会在意家具与木地板之间的色相差异。从右侧图中可以看出，如果色相保持一致，则室内整体性更强。如果接下来挑选的软装饰品都是同一色相的，则卧室看起来会更舒服。

▲床和木地板的色相不一致　▲床和木地板的色相一致

▍被卷入氛围感的家中

光是营造氛围感的能手。我曾去过一个房间，下午两点时，阳光透过树叶照进房间，斑驳的光影留在地面上，树影婆娑，随风晃动。那一刻我感觉时间静止了，能听到周围所有声音。我与房间融为一体，不分彼此。是光让空间有了氛围感，氛围感像飓风把来访者卷入其中，让思绪停留在当下。除此之外，夜晚柔和的月光从窗外洒进来；夕阳金色的余晖，不经意间照射在房间的某个角落……这些都能使房间升起氛围感。

由亮到暗的光线磨平了房间的棱角，淡化了色彩之间的冲突，让空间变得温柔。一团和气的感觉之中，氛围感自然升起。事实上，单纯用颜色也可以制造氛围感。

我们之所以看到的颜色不同，是因为物体反射出来的光的波长和频率不同，比如红色光波长长、频率低，而紫色光相反。不同物体反射特定的光线是由其分子结构决定的，这是维特（Witt）提出的发色团理论。发色团决定吸收和反射哪些特定光线，是物质分子结构中的一种化学键。

颜色相同的物体分子结构中带着同种化学键，就好比一群长相、穿着不同的旅行团，都戴了一顶相同的小红帽，让整个团队能够一眼被辨别出来。如果我们在室内使用相同的颜色，房间物品的分子结构中就有了同种化学键，起到了类似旅行团小红帽的作用，使形状、材质不同的物品整齐划一。

我们的眼球里有不同类型的视锥细胞，能接受不同颜色的光。色相相同时，眼球同一个部位接收到重复的信息，不断强化这个颜色带来的感受。在同一个色相里面做文章，就像是同频的人最终会走到一起，氛围融洽。

色彩是光的产物，也是营造氛围感的大师。色相一致的咖色调就可以营造舒适与恬静的氛围感。在同一色相中，色彩带来的冲突消失了，同一频率下，物体之间会产生内在的联系，类似于光"柔化"空间的作用。

避免没有起伏的颜色

如果说同一个色相将家居色调统一，那么明度变化则使其丰富，这是形式美法则之"韵律美"。平色调是指明度没有起伏的颜色，给人灰突突的感觉，传递的情绪是消极的。在音乐中，只有高低音节搭配，才能产生优美的韵律。

明暗起伏离不开光，我们可以用起伏的颜色来承接光。色相一致，明度起伏变化，必然会拉满居室的氛围感。

▲平色调，明暗起伏不明显

▲起伏色调，明暗起伏明显

▲平色调，明暗起伏不明显

▲起伏色调，明暗起伏明显

平色调　　　　　　　起伏色调（亮色调）　　　　起伏色调（中等色调）　　　起伏色调（暗色调）

▲在起伏的色调中，亮色调白色占比大，黑色占比较小；暗色调则反之。但是无论比例如何，颜色都要有起伏变化

▲基础色是灰突突的色调时，不需要更换沙发，添加一些亮色调的物品即可改善。摆放一幅白色装饰画和一张白色茶几，房间瞬间明亮起来了。白色像是音乐的高音符，让曲调欢快起来，居住者的情绪也不再消极。大部分地面的瓷砖都是灰色系，白色沙发在灰色背景的衬托下就会突显出来。如果选了同样明度的灰色沙发，就会和地面融为一体，没有了边界感

5.2

住进自然风格的家

▌ 面对"五颜六色"的灰，我们该如何选择？

灰色可以分为冷灰色、中性灰和暖灰色。冷灰色偏蓝，多见于科技展览馆，家居空间中比较少见。中性灰没有任何色彩倾向。暖灰色偏橘调，也就是我们之前介绍的咖色。

奶油色、大地色、原木色都可以归为自然风格的配色。自然风格的居室非常强调氛围感，应尽量避免使用大面积的中性灰。中性灰代表了现代化、科技感，比较冷酷。少量的中性灰不会影响整体效果，但大面积中性灰能将自然风格变成现代风格，而两者的特点是迥然不同的。

如果你的家是自然风格，那么建议选择暖灰色。

冷灰 ◀--- 中性灰（灰色）---▶ 暖灰（咖色）

▲地毯和地面变成灰色之后并不会影响美感，但是"奶油"的氛围感会弱一些。两者没有对错，看你愿意选更奶油的感觉，还是更耐脏的地毯。通常更奶油的感觉总会败给更耐脏的地毯

▲用咖色代替灰色是明智之举，如果你觉得白色的褥子和地毯不耐脏，那么可以考虑用浅咖色。商家们会给这些颜色起一些好听的名字，比如卡其色、驼色、米色、摩卡色等，实际上都可以称为浅咖色，也就是暖灰色

▲上图中侘寂风格空间咖色营造的氛围感会胜过灰色。咖色地毯和基调色是同一色相，而灰色地毯在这里则显得格格不入

▎使用来自大自然的颜色

生活在北京这样的大城市，从事室内设计这十多年间，我见到无数一家三代人挤在五六十平方米的"老破小"中。城市里高楼林立，人群拥挤，我们距离大自然越来越远了。事实上，我们内心对大自然的向往从来没有停止过。穿过茂密树林的阳光、雨后芬芳的泥土、夜晚的虫鸣和清晨的鸟叫，都会让蜗居在城市的人感到放松。我们会在为数不多的假期去大自然中享受片刻的宁静。

嗅觉上，人们利用精油等植物提取物燃烧所产生的气味，与大自然联结。听觉上，有海浪、流水、鸟鸣等美妙的音乐，带领我们回归自然。而视觉对人们的影响是最大的，搭配与大自然接近的颜色，会让人感到身心放松。

不用刻意打造氛围感，使用大自然的质地和色彩，就能自然流露出来。

带原木肌理的板材

天然的木材能释放芬多精，让人放松。人造板材是不错的家居装饰材料，它会让我们联想起森林、树木，在潜意识层面影响我们。木材的颜色和弹性要结合得恰到好处，才会更温馨，这一点坚硬的木纹砖是无法替代的。触感同样重要，选材料时，可以闭上眼睛用手触摸一下，身体知道我们需要哪种感觉。

大地色泽、手感粗糙的艺术漆

大地色有千万种，不同的人心中对大地的记忆不同。可以闭上眼睛想一下，你最想亲近的大地是什么颜色，什么质感。我眼中的大地色是褐色的，上面有厚厚的腐烂的树叶，捧一把在手里，无比松软。

有的人觉得大地色是红色的，饱含热情；有的人觉得大地色是黄色的，孕育果实。把你心目中的大地色描绘出来，然后以这个颜色为基调搭配室内色彩，就能与我们的内心相感应，在家里感受大地的气息。

八九分彩度的欢喜色

鲜花的五彩缤纷、小动物的五颜六色都是欢喜色。在大自然中看到鲜艳色，我们会情不自禁地嘴角上扬，感到喜悦，用在室内也能产生同样的效果。鲜艳色在大自然中是流动的，我们留不住。鲜花会凋谢，漂亮的鸟儿会飞向远方。鲜艳色在家里也要流动起来，比如鲜花、装饰画、抱枕，可根据心情来更换。

无论室内设计的演变趋势和色彩流行的趋势如何变化，终将回归自然，这一点毋庸置疑。探索颜色的过程也是回到内心的过程，找回内心的同时，也将回归自然。

▲八九分彩度的欢喜色

5.3

氛围感色卡推荐，让房间自带滤镜

咖色调是室内最常见的色调，也最能烘托氛围。认准一个色相，从高彩度到低彩度、从高明度到低明度，贯彻到底，只要不跳出色相范围，就能确保房间颜色过渡柔和，像加了滤镜一样。

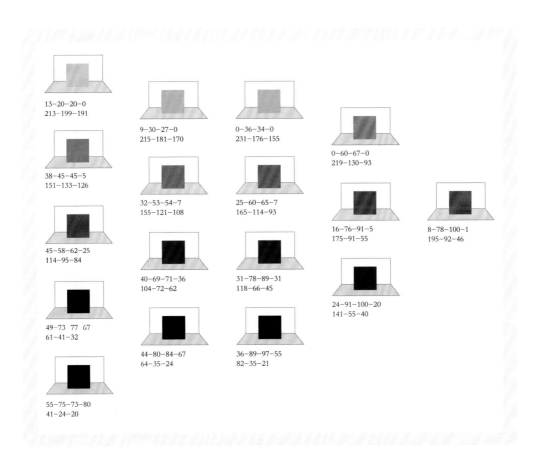

13-20-20-0
213-199-191

9-30-27-0
215-181-170

0-36-34-0
231-176-155

0-60-67-0
219-130-93

38-45-45-5
151-133-126

32-53-54-7
155-121-108

25-60-65-7
165-114-93

16-76-91-5
175-91-55

8-78-100-1
195-92-46

45-58-62-25
114-95-84

40-69-71-36
104-72-62

31-78-89-31
118-66-45

24-91-100-20
141-55-40

49-73 77 G7
61-41-32

44-80-84-67
64-35-24

36-89-97-55
82-35-21

55-75-73-80
41-24-20

178

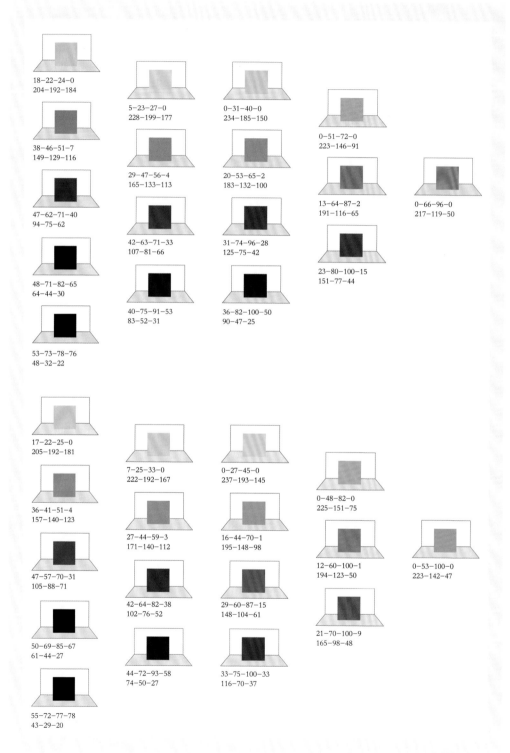

18-22-24-0
204-192-184

5-23-27-0
228-199-177

0-31-40-0
234-185-150

0-51-72-0
223-146-91

38-46-51-7
149-129-116

29-47-56-4
165-133-113

20-53-65-2
183-132-100

13-64-87-2
191-116-65

0-66-96-0
217-119-50

47-62-71-40
94-75-62

42-63-71-33
107-81-66

31-74-96-28
125-75-42

23-80-100-15
151-77-44

48-71-82-65
64-44-30

40-75-91-53
83-52-31

36-82-100-50
90-47-25

53-73-78-76
48-32-22

17-22-25-0
205-192-181

7-25-33-0
222-192-167

0-27-45-0
237-193-145

0-48-82-0
225-151-75

36-41-51-4
157-140-123

27-44-59-3
171-140-112

16-44-70-1
195-148-98

12-60-100-1
194-123-50

0-53-100-0
223-142-47

47-57-70-31
105-88-71

42-64-82-38
102-76-52

29-60-87-15
148-104-61

21-70-100-9
165-98-48

50-69-85-67
61-44-27

44-72-93-58
74-50-27

33-75-100-33
116-70-37

55-72-77-78
43-29-20

21−20−28−0
198−192−177

41−42−56−8
144−132−113

53−57−76−44
84−75−56

54−62−83−59
67−56−38

60−65−79−76
44−36−24

10−17−35−0
221−204−170

36−40−67−7
154−137−101

46−56−86−35
102−86−53

49−65−96−57
72−56−28

3−20−52−0
234−202−139

26−40−74−3
175−147−94

38−56−100−24
125−98−47

40−60−100−31
114−86−42

0−26−77−0
238−191−92

24−44−98−3
179−141−58

29−55−100−12
154−114−51

10−37−99−0
211−163−55

21−16−27−0
201−198−182

43−38−55−7
144−138−117

55−51−75−35
91−89−67

57−59−87−58
65−59−36

62−61−84−71
49−45−27

9−11−35−0
227−216−176

33−31−60−2
170−159−119

51−51−100−33
101−92−45

55−58−100−53
73−65−31

5−11−55−0
235−218−140

24−26−78−0
192−175−96

42−47−100−18
130−113−53

46−55−100−32
106−90−44

2−14−81−0
241−212−89

20−30−100−0
198−170−59

29−40−100−5
169−143−58

12−24−99−0
215−186−58

20-86-82-9　32-86-82-39
161-70-61　105-50-44

47-72-66-50　11-18-14-0
81-57-54　217-204-202

18-26-22-0　5-11-7-0
201-184-181　234-223-223

12-41-33-0　0-79-79-0
205-161-152　211-92-69

22-63-58-4　6-11-9-0
171-112-101　232-222-220

12-17-15-0　2-4-3-0
215-204-202　244-239-239

17-64-100-4　30-74-100-26
181-112-50　128-77-41

41-70-85-46　15-23-33-0
91-62-42　209-190-167

22-26-34-0　1-4-3-0
193-180-163　247-242-240

0-31-40-0　0-66-95-0
234-185-149　217-118-50

23-51-70-4　2-10-11-0
174-130-93　241-227-217

5-10-11-0　1-2-2-0
234-224-217　249-246-244

13-54-97-1　23-58-100-8
196-131-55　167-115-51

42-60-86-34　8-25-43-0
107-83-52　221-191-150

20-29-47-0　5-7-7-0
196-174-140　236-231-227

0-29-48-0　0-51-92-0
236-189-139　224-145-61

26-52-71-7　2-15-23-0
166-124-89　239-216-191

5-11-15-0　0-2-3-0
235-222-209　253-248-242

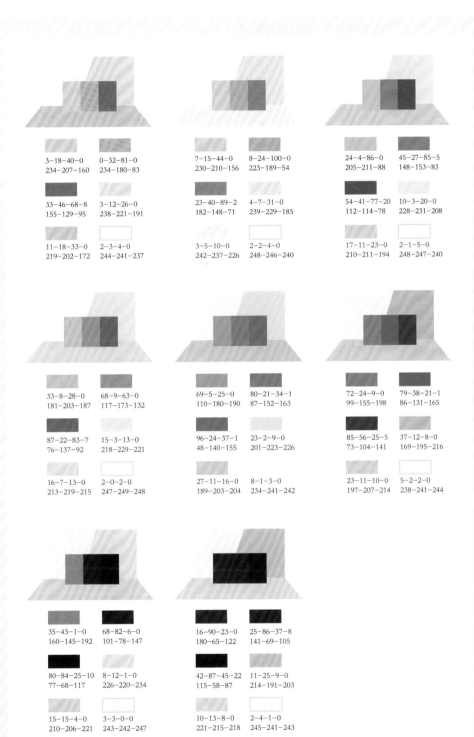

3−18−40−0
234−207−160

0−32−81−0
234−180−83

33−46−68−8
155−129−95

3−12−26−0
238−221−191

11−18−33−0
219−202−172

2−3−4−0
244−241−237

7−15−44−0
230−210−156

8−24−100−0
223−189−54

23−40−89−2
182−148−71

4−7−31−0
239−229−185

3−5−10−0
242−237−226

2−2−4−0
248−246−240

24−4−86−0
205−211−88

45−27−85−5
148−153−83

54−41−77−20
112−114−78

10−3−20−0
228−231−208

17−11−23−0
210−211−194

2−1−5−0
248−247−240

33−8−28−0
181−203−187

68−9−63−0
117−173−132

87−22−83−7
76−137−92

15−3−13−0
218−229−221

16−7−13−0
213−219−215

2−0−2−0
247−249−248

69−5−25−0
110−180−190

80−21−34−1
87−152−163

96−24−37−1
48−140−155

23−2−9−0
201−223−226

27−11−16−0
189−203−204

8−1−3−0
234−241−242

72−24−9−0
99−155−198

79−38−21−1
86−131−165

85−56−25−5
73−104−141

37−12−8−0
169−195−216

23−11−10−0
197−207−214

5−2−2−0
238−241−244

35−43−1−0
160−145−192

68−82−6−0
101−78−147

80−84−25−10
77−68−117

8−12−1−0
226−220−234

15−15−4−0
210−206−221

3−3−0−0
243−242−247

16−90−23−0
180−65−122

25−86−37−8
141−69−105

42−87−45−22
115−58−87

11−25−9−0
214−191−203

10−13−8−0
221−215−218

2−4−1−0
245−241−243

|专栏| 色彩强迫症者选色指南

◎关于色差的三个小故事

业主茉莉的厨房墙面瓷砖和操作台面都是白色的，在白色墙面瓷砖的衬托下，台面有点发黄。她不能接受看起来发黄的台面，于是换成了黑色。

业主晓雯贴完卫生间的墙面砖后，发现跟在展厅里看到的颜色完全不一样。原来展厅用了6000 K色温的光源，而自家卫生间是4000 K色温的光源，颜色偏白。光线不同，所以看起来跟理想的颜色有差距。

铺完地砖后，业主心怡发现有四五块砖的颜色有色差。这种色差很普遍，大部分人都能接受，而且这时美缝已经完成，更换成本比较高。但如果不换，住进去她会觉得很难受。经过一番努力，瓷砖更换完毕，但新替换上的瓷砖还是有微小的色差，这个色差实在无法避免。

事实上，我们看到的每一块砖在不同的光线下颜色都会略有不同。实际颜色和心里预期会有微小的差异，有色彩强迫症的业主必须接受这一点。下面提供四个方法，可以帮你避免过于明显的色差。

▲ 在白色墙面背景的衬托之下，厨房台面显得发黄

◎方法一：在阳光下选颜色

我们通常是根据小样板来选择木地板、瓷砖和定制家具的颜色和花纹的，窗帘有不同的颜色布板。此时，不要嫌麻烦，一定要把样板拿到阳光下。展厅的灯光会造成一定色差，阳光才是最好的颜色校准器。

特别是近似白色，颜色倾向很微小，容易造成冷暖偏差，比如原本的中性灰在暖光源下会变成浅咖色调。

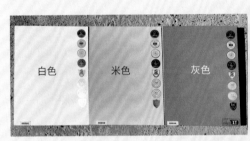

▲在自然光下呈现的颜色

▲在展厅灯光下呈现的颜色

▲在自然光下呈现的颜色

▲在展厅灯光下呈现的颜色

◎方法二：遵循"追色"原则，守住一种咖色

咖色调也是原木色，活动家具、定制家具、地板，以及沙发、窗帘等软装物品，都可以选择咖色调。建议从颜色选择最受限制的物品开始选，比如活动家具，通常只有两三种颜色，而木地板的颜色比较全，遵循追色原则，让木地板的颜色追活动家具的颜色。

定制家具、墙漆的选择范围更广，有的商家甚至能自己调色，因此这类物品的颜色可以在后面选择。锚定一种颜色，后续的软装饰品，比如装饰画、抱枕等都追这个颜色，将一种颜色执行到底，就能呈现出干净利落的效果。

◎方法三：定制家具与乳胶漆的颜色应保持一致

我们习惯找一家定制家具商家把电视柜、衣柜、室内门等全部搞定，确保房间色调统一。但要想定制家具和墙面颜色统一，则比较困难，一旦产生冷暖色差，就不那么和谐了。

我见过一位追求完美的设计师，他设计了浅灰色的墙面和定制家具，且想要两者颜色完全一致，他是这么做的：首先，选择一款浅灰色乳胶漆，油工师傅涂刷墙面时，在一块石膏样板上进行同样的刷漆步骤，然后把这个"迷你"墙面样板送到定制家具商家那里，让其对比着调制定制家具的颜色。定制家具商家先喷涂一个"迷你"家具样板给设计师看，经过多次校准、调整，最终呈现的颜色非常统一。

事实上，定制家具和墙面因材质、光线不同，颜色不可能完全一致。设计师这样做只是尽可能减小色差，而不能完全避免色差。

◀室内门、墙面、门厅柜都是白色，却是"五颜六色的白"。定制家具在暖色墙面的衬托下偏冷调，而室内门的颜色则偏黄，冷暖冲突明显，没有氛围感可言

◎方法四：从色卡中选择颜色时，彩度宜低一些

我的朋友在色卡中选了一款灰色乳胶漆，刷完之后发现墙面颜色偏蓝，跟家里其他的物品不搭。也有人选择了一款淡粉色墙漆，出来的效果比想象中更粉一些。色卡面积小，看起来彩度比较低，但如果大面积使用，色彩倾向会更明显。为了保险起见，从色卡中选颜色时，最好选择彩度低一些的。

如果全屋大面积使用某个颜色的乳胶漆，那么我们会用电脑调色，因为要用到很多桶漆，电脑调色能确保每一桶漆颜色一致。如果是小面积的彩色墙，则推荐现场调色，可以反复涂刷尝试，但记得一次性准备足够的乳胶漆。

↑
色卡颜色

▲小面积看，色卡颜色是灰色的；大面积涂刷上墙，颜色看起来偏蓝

在追求完美的过程中，我们需要花费很多精力，有时候不必太过苛责。微小的色差就像偶尔凌乱的房间，我们可以选择包容，随意一些会让人更轻松。

总之，我们既要严谨严格地对待颜色，也要学会包容、放下掌控，做到收放自如。对颜色的态度，也能反映出我们对人、事、物的态度，进一步说就是对人生的态度。

附录
Appendix

选择一款适合自己性格的色彩

色彩疗法最早来源于古印度的"阿育吠陀"医学体系，里面讲到每一种色彩都拥有特殊的能量。人接受色彩的能量之后，身、心、灵三个层面都会受到影响。现代科学研究认为，不同颜色为不同频率的光波，能对人体相应的组织器官及心理状态产生影响。如今，医学实践也证明，色彩在某些疾病的治疗上发挥着积极作用。

在室内设计领域，我通常用两种方法来选择合适的颜色——相应法和互补法。

相应法：采用与自己性格相应的色彩，让居住者的性格优势与色彩相得益彰，房间变成主人性格的延伸，成为主人的一部分。这样的色彩可以大面积使用，比如彩色墙、沙发、窗帘等固定不变的物品。

互补法：如果你觉得性格中有一些不足，想通过颜色来弥补，那么可用小面积的互补色来刺激我们的感官，可起到疗愈作用。互补色的面积不用太大，一块地毯、一幅装饰画、一个抱枕都能调整我们的心境，而且可以随时更新。

我的性格是安静内敛的，自家的风格非常素雅。我住的是精装房，自带水泥色瓷砖，冬天感觉很冷，我在客厅搭配了中性灰沙发、白色百叶窗帘，整体缺少温度和柔和感。我跟父母一起住，父亲在一个秋天突然离开了我们，那些日子觉得家里格外冷清，于是我买了一张带春草绿几何图案的地毯、一幅绿色小动物装饰画和两盏暖橘色台灯，在橘色光的衬托下，地毯温暖的质感得以凸显出来，家里变得温馨了。

春天我会买一些鲜花，把大自然充满生机的颜色带回家。我有两套床单——米色和淡粉色，到了秋冬，我会用淡粉色的床单给卧室增加温暖感，而夏天用清爽的米色。我们可以用色彩能量来改善心境，家的能量会跟随着主人的心情不断流动。

红色

正面心理影响： 热情、活力、兴奋。

负面心理影响： 放纵、喧闹、冲动。

适合空间： 客厅、餐厅。

相应性格： 活力四射、充满激情的人跟红色房间非常匹配。红色代表喜庆与热闹，充满活力。人们庆祝喜事时会穿上红色衣服。一些女性会在房间里装饰一些红色，深邃的酒红更有味道，代表了魅力与自信。

互补性格： 如果你经常感到无精打采、行动力差、干劲不足，或者你平时优柔寡断，那么可以用红色来点缀房间。红色能帮助我们提升斗志和竞争意识。红色代表了希望，可以使我们变得坚定而有力量。

禁忌性格： 红色可能引发浮躁不安的心情，不建议用在卧室，也不能大面积使用。但内心热情似火的女性即便在卧室，也可以驾驭这样夸张的色彩。

黄色

正面心理影响： 光明、理性、警觉。

负面心理影响： 焦虑、危险。

适合空间： 书房、办公区。

相应性格： 理性、自控力强、目的性强的人能很好地驾驭黄色。黄色可以提升专注力，让人产生积极的情绪和创造力。

互补性格： 如果你只想待在舒适区，不愿意冒险，那么可以用黄色来调整自己的状态。黄色代表着冒险家精神，赋予你激情、活力。

禁忌性格： 如果你经常感到焦虑不安，则不建议用黄色，黄色会加重紧张的情绪。梵高的作品中出现最多的颜色是明黄色，透过这些作品，我们可以感受到他焦虑紧张的心情，这样的画不适合挂在卧室。

蓝色

正面心理影响： 平静、放松。

负面心理影响： 忧郁、低落。

适合空间： 任何空间，尤其是需要放松的场所，比如卧室。蓝色使人联想到星空和大海，是舒缓情绪、平复心情的颜色。在卧室涂上淡蓝色，身处其中时仿佛置身于大海，心情开阔又宁静。夜晚，蓝色和大海、璀璨星空遥相呼应，陪伴我们进入梦境。

相应性格： 如果你谦逊平和、严谨有序，那么和蓝色很相配。蓝色像温文尔雅的绅士，大面积使用能突显从容自如、安之若素的气质。

互补性格： 如果你感觉自己有点鲁莽、爱着急，想变得冷静睿智一些，那么可以借用蓝色消除紧张感，让心情得到缓和。

禁忌性格： 忧郁的人不宜接触大面积的蓝色，蓝色空间给人冷冷的感觉，会让情绪更低落。如果你在秋冬季节容易郁郁寡欢，那么蓝色会带你沉溺在这种阴郁的想象中，橙色或粉色会让人心情得到调整。

橙色

正面心理影响： 阳光、温暖、欢乐、活力四射、积极向上。

负面心理影响： 喧闹不安。

适合空间： 客厅、餐厅。鲜艳的橙色让人联想到新鲜的食物，刺激人的感官，容易让人产生食欲。

相应性格： 橙色房间会让活泼开朗、乐观外向的人的性格优势发挥得淋漓尽致。橙色是太阳的颜色，象征光明与希望。

互补性格： 抑郁的人可以借用橙色点亮心情。看到橙色会让人心生欢喜，橙色像孩子纯真的笑声一样有感染力，能让周围的人快乐起来。

禁忌性格： 爱着急上火、办事不稳妥的人，不适合用橙色，橙色会带来紧迫感。喜欢安静的人也不适宜大面积地使用橙色，橙色会让人感觉燥热和喧闹。

橙色的关联色彩：咖色

降低橙色的彩度得到的颜色就是咖色，咖色给人温暖舒适、稳定可靠的感觉，是理想的家居色彩。但大面积使用低彩度的咖色会让人感觉沉闷、单调，缺乏生气。有两个方法可以缓解咖色带来的沉闷感：一是提高咖色的亮度，使其变成浅咖色，也就是米色；二是将咖色与鲜艳的橙色搭配，为房间注入活力。

咖色的关联色彩：米色

提高咖色的明度，就得到了米色。米色没有橙色那么热闹，也没有咖色那么沉闷，非常受欢迎，适合在任意空间大面积使用。米色能让人放松，非常适合用在儿童房。

绿色

正面心理影响：自然、生机、希望、和平、健康。

负面心理影响：苦涩。

适合空间：任意房间。绿色介于冷色和暖色之间，不像红色那么热烈，也不如蓝色让人放松，绿色的家会呈现出稳定温和的气质。

相应性格：随和、不爱出风头的人能和绿色成为好朋友，绿色的特质是镇定自若、喜静不喜动。

互补性格：特立独行、桀骜不驯的人的家里可以使用一些绿色作点缀。绿色给人四平八稳的感觉，能磨平我们性格中的棱角。如果你觉得家里死气沉沉的，那么不妨点缀一些绿色。绿色是植物的颜色，给人生机与希望。

禁忌性格：闲散、行动迟缓、没有立场的人，不太适合绿色，绿色会加重这种不积极主动的意识。

紫色

正面心理影响： 神秘、梦幻、感性。

负面心理影响： 孤僻。

适合空间： 建议用在卧室。鲜艳的紫色在室内装饰中非常少见，浓郁的紫色是冷色系，过于强烈。淡紫色更温情柔和一些，适合用在卧室等私密空间。

相应性格： 如果你是情绪化的人，那么很可能喜欢紫色。紫色给人的感觉是多愁善感、容易冲动的，带有艺术家气质，是玄妙、神秘、深邃悠远的，能激发人们更深层次的感受。

互补性格： 如果你觉得自己过于理性，常常忽略自己内心的感受，那么可以选择一款香芋紫床品和装饰画，来改变家的颜色能量，人的状态也会随之改变。

禁忌性格： 敏感、神经质、犹豫不决、忧郁的人可能会喜欢紫色，但紫色会加重这种特质。

黑色

正面心理影响： 庄重。

负面心理影响： 绝望、封闭。

适合空间： 客厅、餐厅、厨房等公共区域。

相应性格： 阳光大男孩、诙谐幽默的人，可以尝试黑色。黑色代表神秘的力量，适当使用，让人感觉纯真有趣。

互补性格： 比较轻浮的人可以在房间用一些黑色，以便让自己更加稳重踏实，处事也会变得深谋远虑。

禁忌性格： 沉闷冷酷、封闭严肃、有逃避心理的人，可能会想借黑色来营造神秘、隐藏的感觉。黑色会加重内心孤独、压抑的感受。

白色

正面心理影响： 纯净无瑕、简洁明亮。

负面心理影响： 空虚迷茫、苍白无力。

适合空间： 任意空间。白色让人感到放松，使人的思维变得清晰明朗。

相应性格： 单纯、快乐的人通常会选择白色，白色映射着简单透明、毫无纠结与挂碍的心灵。人们选择白色的婚纱是因为白色代表纯洁，会让一切变得简单而美好。完美主义者也很适合白色。

互补性格： 太有主见、过于自信傲慢的人适合白色。白色代表宽容、有耐心，白色的空间能让人放下控制欲，变得随和。

禁忌性格： 如果一个人住，或者觉得家里比较冷清，那么可以用一些温暖的前进色，不建议大面积留白。

灰色

正面心理影响： 冷静、中庸、现代。

负面心理影响： 阴郁、单调。

适合空间： 任意空间。虽然灰色是没有激情、个性的消沉色，但它代表着成熟干练。在现实生活中，这样的性格很受欢迎。提高灰色的亮度之后，可以大面积使用。

相应性格： 如果你是一位稳重的人，有着折中调和的处世态度，那么和灰色的空间很般配。灰色是中性色，不张扬，和任何颜色都很搭。

互补性格： 如果你容易大喜大悲、情绪不稳定，那么可以选择灰色，灰色能产生稳定的气场。

禁忌性格： 人们会把灰色和阴雨天，或者消沉抑郁、一蹶不振的心情联系起来，因此不建议大面积使用深灰色，这会让家的气氛更阴郁。比较压抑的人也不太适合使用深灰色。

后记
Afterword

从颜色中看到另一个自己

小时候，我最喜欢藏蓝色。藏蓝色和我很像，是一位安静的小女生，我们两个是最好的朋友。我先生从来没跟我聊过他喜欢什么颜色，但他有很多橙色衣服，做设计时也喜欢用橙色，对橙色的喜爱不言自明，橙色里藏着另一个他。

日本美学家柳宗悦在《物与美》中说："人们爱某件作品，是因为其中存在第二个自己。实际上，人们不会买与自己趣味不合，或是高于自己趣味的东西。无论买什么，得到的都是自己的性情。甚至有些时候我们还能从中找到自己的故乡，心灵休憩的场所。人们热爱美丽的作品，就是因为其中安然栖息着他最想成为的那个自我。"

装扮自己的家也一样，家终将呈现自己的模样。随着年龄的增长，心智逐渐成熟，身体开始衰老，家从个性花哨的彩色墙到四平八稳的家具。随着孩子一天天长大，家的配置从爬行垫、围栏变成了书桌、台灯。家伴随我们一起成长，但始终呈现出我们当下的模样。

选择自己喜欢的颜色，这个家才更像自己。如今，网络上有很多漂亮的图片，让人眼花缭乱，红色的手绘花纹壁纸、精致的黄铜吊灯、土耳其手工编织地毯……这些物品让我们与内在断了连接。家的面积有限，装不下我们太多的欲求，最终还是要做减法，忘掉美图，选择从内心流淌出来的色彩与造型。

选择颜色这件事，"甲之砒霜，乙之蜜糖"，没有对错，全凭个人感觉。所以，颜色若能与我们的内在相应，就是一次成功的选择。选择让自己怦然心动的颜色来装饰家，是一件多么开心的事，可不能完全交给设计师。

如果我们选定了某个色调，就要像夫妻海誓山盟的约定一样，要携手相伴，所以选择喜爱的颜色方能长久。不仅如此，随着时间的推移，颜色和我们越来越和谐，家的色调也会越发让人感到安定。

家是一面镜子，是另一个自己，内外合一。

黄婧

2024 年 8 月